化学工业出版社"十四五"普通高等教育规划教材

# AutoCAD室内外设计
# 与标准制图

## AutoCAD Interior & Exterior Design
## & Standard Drawing

曹 艳 王 活 付 军 主编

化学工业出版社

·北京·

# 内 容 简 介

《AutoCAD室内外设计与标准制图》通过大量实际案例讲述了AutoCAD室内外设计的常用方法与图纸绘制过程。全书共10章,主要内容包括设计制图基础、AutoCAD基础操作、工具命令、辅助工具、平面图绘制、立面图绘制、剖面图与大样详图绘制等内容,还对各类室内外空间图纸绘制进行了细致讲解。每个章节都讲述了图纸绘制方法,涵盖面广,绘制步骤清晰。全书通过教学视频、全套图样案例对AutoCAD的快捷键、快捷命令等内容进行了全面讲解。

《AutoCAD室内外设计与标准制图》注重国家制图标准与实践经验相结合,定位于AutoCAD室内外设计从入门到精通层次,可以作为高等院校艺术设计、建筑装饰设计、建筑设计专业相关课程教材,也可作为各类设计培训机构的教材及相关设计人员的辅助参考书。本书附教学视频二维码、PPT课件(化学工业出版社教学资源网查询 www.cipedu.com.cn)素材图样等资源,供读者参考使用。

## 图书在版编目(CIP)数据

AutoCAD室内外设计与标准制图/曹艳,王活,付军主编.—北京:化学工业出版社,2022.9(2023.10重印)
化学工业出版社"十四五"普通高等教育规划教材
ISBN 978-7-122-41497-7

Ⅰ.①A⋯ Ⅱ.①曹⋯ ②王⋯ ③付⋯ Ⅲ.①建筑设计-计算机辅助设计-AutoCAD软件-高等学校-教材 Ⅳ.①TU201.4

中国版本图书馆CIP数据核字(2022)第084617号

责任编辑:尤彩霞　　　　　　　　　　装帧设计:关 飞
责任校对:杜杏然

出版发行:化学工业出版社(北京市东城区青年湖南街13号　邮政编码100011)
印　　刷:三河市航远印刷有限公司
装　　订:三河市宇新装订厂
787mm×1092mm　1/16　印张15¼　字数343千字　2023年10月北京第1版第2次印刷

购书咨询:010-64518888　　　　　　售后服务:010-64518899
网　　址:http://www.cip.com.cn
凡购买本书,如有缺损质量问题,本社销售中心负责调换。

定　　价:59.00元

# 前 言

AutoCAD（Autodesk Computer Aided Design）是用于二维绘图和基础三维设计且现已经成为国际上广为流行的一个绘图工具。AutoCAD具有良好的用户界面，通过交互菜单和命令进行各种操作。AutoCAD在机械、电子、建筑、室内外装饰、家具、园林、市政工程等设计领域有广泛应用，目前AutoCAD已经成为室内外设计行业中应用最广的图形软件之一。

AutoCAD能在各种操作系统中运行，可以进行多种图形格式转换，具有完善的图形绘制功能和较强的数据交换能力；AutoCAD还具有强大的图形编辑功能，能大幅度提高使用者的绘图速度，操作系统的稳定性较强，在室内外设计、建筑装饰设计、建筑设计领域都具有很强的应用价值。

《AutoCAD室内外设计与标准制图》共10章，系统地介绍了AutoCAD的功能和操作技巧，包括初识AutoCAD、绘图设置、基本绘图操作、高级绘图操作、图形编辑操作、输入文字与应用表格、尺寸标注、图块与外部参照、查询与辅助工具、打印与输出等内容，特别突出AutoCAD在室内外设计中的应用。本书既突出基础知识的讲解，又重视实践应用，内容讲解均以真实案例为主线，每个案例都有详细的操作步骤。读者通过案例操作可以快速熟悉软件功能和室内外设计制图思路。每章最后还安排了课后练习，以求尽快提高读者的设计绘图水平，拓展读者的实际设计应用能力。

使用者要想快速提高AutoCAD的操作水平，可以从以下几个方面入手。

1. 熟练掌握绘图、修改、标注工具栏中的每个工具，认真学习、厘清这些工具的用法与操作特征，同类工具命令要有明确区分。

2. 对照本书案例绘制。熟悉掌握本书中每个案例的绘制方法，按照本书中的操作步骤，依次绘制全部案例。同时从实践工作中获取一些真实案例作为练习，反复训练完整图纸的绘制方法。

3. 熟悉国家制图标准。对照国标要求绘制图纸，熟悉并应用国标中的绘图、标注细节，并严格遵照执行国家制图标准。

4. 搜集更多室内外设计图。从别人绘制的图纸中寻找到自己的不足，同时也要注意回避别人图纸中的错误和缺陷，不要盲目学习不规范的绘图习惯与表现方式。

5. 积极参与社会实践。深入室内外设计工作一线，将所掌握的制图方法与要领运用到实践中，从中反馈出问题，并逐一解决。

为了方便读者能够快速、高效、轻松地学习本书，本书提供了非常丰富的素材图样与教学视频及PPT课件，读者可通过手机扫二维码观看或化学工业出版社教学资源网www.cipedu.com.cn注册下载使用。

编者

2022年4月

# 目　录

# 第一章

# 设计制图基础

学习难度：★★☆☆☆

重点概念：制图内容、制图规范与要求、绘图规范

章节导读：本章主要讲解室内外设计制图的基本概念和制图规范，读者在掌握制图基础知识后，能够更好理解和领会设计制图中的内容要点。室内外设计制图应当以国家标准为依据，确保制图与规范相衔接，便于图纸的识图、审查和管理。

## 第一节　设计制图基础内容

完整的室内外设计图包括建筑平面图、装饰平面图、顶面图、立面图、构造详图和透视图。

## 一、平面图

平面图是以平行于地面，且在距离地面以上 1.5mm 左右的位置将上部切去，最终形成的正投影图。平面图中包含的内容有：

（1）墙体、隔断及门窗、各空间大小及布局、家具陈设、人流交通路线、室内绿化等。如果不单独绘制地坪图，则应该在装饰平面图中标示地面材料。

（2）注明尺寸、家具陈设尺寸及布局尺寸，对于复杂的公共建筑，还应标注轴线编号。

（3）注明地面所铺设材料的名称及规格。

（4）注明各功能分区的名称、家具名称。

（5）注明室内地坪标高。

（6）注明详图索引符号、图例及立面内视符号。

（7）注明图名和比例。

（8）注明文字说明、统计表格等。

## 二、顶面图

顶面图是以平行于顶面，且在距离地面以上 1.5mm 左右的位置将下部切去，最终形成

的正投影图。顶面图中包含的内容有：
 （1）注明具体造型和所用材料的说明。
 （2）注明灯具和电器的图例、名称规格等说明。
 （3）注明顶面造型尺寸，灯具、电器的安装位置。
 （4）注明顶面标高。
 （5）注明顶面细部做法的说明。
 （6）注明详图索引符号、图名、比例等。

## 三、立面图

 立面图是平行于墙面的切面，将前面部分切去后，剩余部分的正投影图。立面图中包含的内容有：
 （1）墙面造型、材质、家具陈设在立面上的正投影图。
 （2）注明门窗立面和其他装饰元素的立面。
 （3）注明立面各组成部分尺寸、地坪吊顶标高。
 （4）注明材料名称和细部做法说明。
 （5）注明详图索引符号、图名、比例等。

## 四、构造详图

 构造详图是为了放大个别设计内容和细部做法，以多剖面图的方式来表达局部剖开后的情况。构造详图中包含的内容有：
 （1）注明剖面图的绘制方法，绘制出各种材料的断面、构配件断面，以及它们之间的相互联系。
 （2）注明从剖视方向上看到的部位轮廓和相互关系。
 （3）注明材料断面图例。
 （4）注明构造层次的材料名称和做法。
 （5）注明其他构造做法。
 （6）注明各部分构造的具体尺寸。
 （7）注明详图编号和比例。

## 五、透视图

 透视图是根据透视原理在平面上绘制出能够反映三维空间效果的图形，它与人的视觉空间感受极其相似。设计制图中常用的绘图方法有一点透视、两点透视（成角透视）和鸟瞰图3种。
 透视图可以通过人工绘制，也可以应用计算机绘制，由于透视图能直观地表达设计思想和效果，所以也被称为效果图或表现图，它是完整设计方案中不可缺少的部分。

# 第二节　制图要求与规范

在设计制图中，设计者应该重点关注图幅、图标、会签栏的尺寸，线型要求和常用的图示标志、材料符合绘图比例。

## 一、图幅、图标、会签栏

### 1. 图幅

图幅是指图面的大小。根据国家标准的规定，一般按照图面长宽的大小来确定图幅的等级。室内外设计常用的图幅有 A0（也称 0 号图幅，依此类推）、A1、A2、A3 及 A4，图纸以短边作为垂直边称为横式，以短边作为水平边称为立式，一般 A0 ～ A3 图纸宜横式使用，必要时可立式使用（图 1-1），A4 幅面也可用立式图框（图 1-2）。在同一项设计中，每个专业所使用的图纸，一般不宜多于两种幅面。每种图幅的长宽尺寸也有一定的规定（表 1-1），而对于特殊需要的图样，其图纸尺寸要求又有不同（表 1-2）。

选用图幅的一般原则是保证设计创意能清晰地被表达，还要考虑全部图样的内容，注重绘图成本。图纸的幅面规格应符合表 1-1 的规定，表中 $b$ 与 $l$ 分别代表图纸幅面的短边和长边的尺寸，在制图中须特别注意。需要微缩复制的图样，其一个边上应附有一段准确米制尺度，四个边上均应附有对中标志，米制尺度的总长应为 100mm，分格应为 10mm。对中标志应画在图纸各边长的中点处，线宽应为 0.35mm，伸入框内应为 5mm。图纸的短边一般不应加长，长边可以加长，但应符合图纸尺寸的要求。

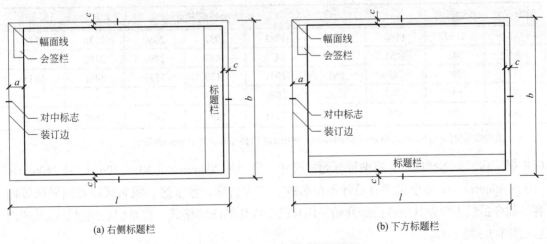

(a) 右侧标题栏　　　　　　　　　　　　(b) 下方标题栏

图1-1　A0 ～ A3横式幅面图纸

### 2. 图标

图标指图纸的图标栏，图纸标题栏是图纸的重要信息传达部位，标题栏通常被简称为"图标"，它与会签栏及装订边的位置一般要符合横式图纸与立式图纸两种使用要求，标题栏

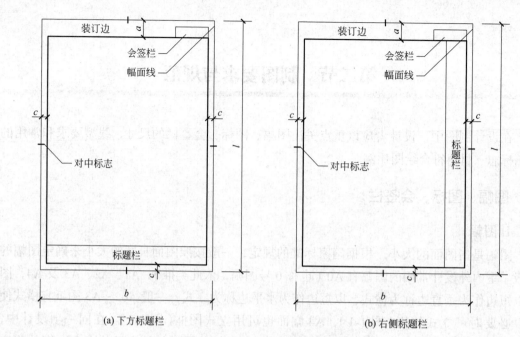

(a) 下方标题栏               (b) 右侧标题栏

图1-2　A0～A4立式幅面图纸

表1-1　幅面及图框尺寸       单位：mm

| 尺寸代号 | 幅面代号 | | | | |
|---|---|---|---|---|---|
| | A0 | A1 | A2 | A3 | A4 |
| $b \times l$ | 841×1189 | 594×841 | 420×594 | 297×420 | 210×297 |
| $c$ | 10 | | | 5 | |
| $a$ | 25 | | | | |

表1-2　图纸长边加长后尺寸       单位：mm

| 图幅尺寸 | 长边尺寸 | 长边加长后尺寸 | | | | | | |
|---|---|---|---|---|---|---|---|---|
| A0 | 1189 | 1486 | 1635 | 1783 | 1932 | 2080 | 2230 | 2378 |
| A1 | 841 | 1051 | 1261 | 1471 | 1682 | 1892 | 2102 | — |
| A2 | 594 | 743 | 891 | 1041 | 1189 | 1338 | 1486 | 1635 |
| A2 | 594 | 1783 | 1932 | 2080 | — | — | — | — |
| A3 | 420 | 630 | 841 | 1051 | 1261 | 1471 | 1682 | 1892 |

注：有特殊需要的图样，可采用 $b \times l$ 为 841mm×891mm 与 1189mm×1261mm 的幅面。

应根据工程需要选择确定，有两种标题栏尺寸，分别是200mm×（30～50mm）和240mm×（30～40mm），图标中包含有设计单位名称、工程名称、签字区、图名区以及图号区等内容。如今虽然不少设计单位已经开始采用自己个性化的图标格式，但是仍必须包括这几项内容（图1-3、图1-4）。

### 3. 会签栏

会签栏是为各工种负责人审核后签名用的表格，会签栏的尺寸应为100mm×20mm，栏内包含有专业、姓名、日期等内容，具体内容根据需要设置（图1-5）。对于不需要会签的图样，可以不设此栏。

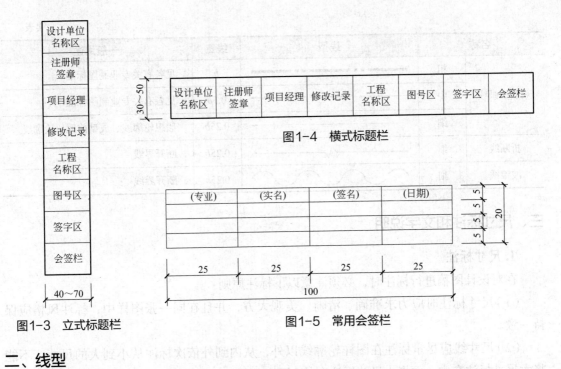

图1-3 立式标题栏

图1-4 横式标题栏

图1-5 常用会签栏

## 二、线型

设计制图主要由各种线条构成，不同线型表示不同的对象和部位，不同的线型有着不同的含义。一幅图纸中最大的线宽（粗线）宽度代号为 $b$，其取值范围要根据图形的复杂程度及比例大小而酌情确定。为了使图面能够清晰、准确、美观地表达设计思想，工程实践中采用一套常用线型（表1-3），并规定了它们的使用范围。在 AutoCAD 中，可以通过"图层"中"线型""线宽"的设置来选定所需要的线型。

表1-3 图线                                                                单位：mm

| 名称 | | 线型 | 线宽 | 一般用途 |
|------|------|------|------|------|
| 实线 | 粗 | | $b$ | 主要可见轮廓线 |
| | 中粗 | | $0.7b$ | 可见轮廓线 |
| | 中 | | $0.5b$ | 可见轮廓线、尺寸线、变更云线 |
| | 细 | | $0.25b$ | 图例填充线、家具线 |
| 虚线 | 粗 | | $b$ | 见各有关专业制图标准 |
| | 中粗 | | $0.7b$ | 不可见轮廓线 |
| | 中 | | $0.5b$ | 不可见轮廓线、图例线 |
| | 细 | | $0.25b$ | 图例填充线、家具线 |
| 单点长画线 | 粗 | | $b$ | 见各有关专业制图标准 |
| | 中 | | $0.5b$ | 见各有关专业制图标准 |
| | 细 | | $0.25b$ | 中心线、对称线、轴线等 |

| 名称 | | 线型 | 线宽 | 一般用途 |
|---|---|---|---|---|
| 双点长画线 | 粗 | | $b$ | 见各有关专业制图标准 |
| | 中 | | $0.5b$ | 见各有关专业制图标准 |
| | 细 | | $0.25b$ | 假想轮廓线、成型前原始轮廓线 |
| 折断线 | 细 | | $0.25b$ | 断开界线 |
| 波浪线 | 细 | | $0.25b$ | 断开界线 |

## 三、尺寸标注和文字说明

### 1. 尺寸标注

在对设计图稿进行标注时，必须注意以下标注原则：

（1）尺寸标注时应力求准确、清晰、美观大方，并且在同一张图样中，标注风格应保持一致。

（2）尺寸线应尽量标注在图样轮廓线以外，从内到外依次标注从小到大的尺寸，不能将大尺寸标注在内，而将小尺寸标注在外（图1-6）。

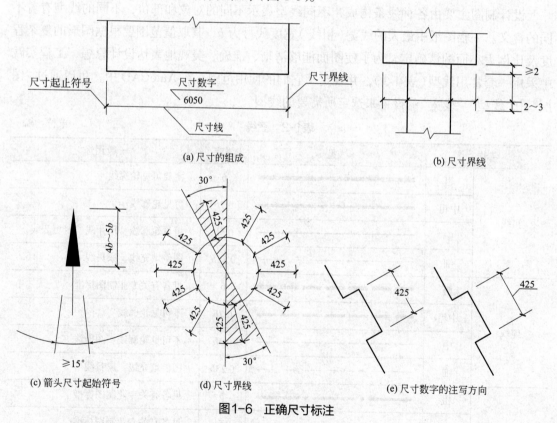

图1-6　正确尺寸标注

（3）标注时要注意最内一道尺寸线与图样轮廓线之间的距离不应小于10mm，两道尺寸线之间的距离一般为7～10mm。

（4）尺寸界线朝向图样的端头，距图样轮廓的距离 ≥ 2mm，尺寸界线不宜直接与图样相连。

（5）在图线拥挤的地方，应合理安排尺寸线的位置，但不宜与图线、文字及符号相交；可以考虑将轮廓线用作尺寸界线，但不能将其作为尺寸线。

（6）对于连续相同的尺寸，可以采用"均分"或"（EQ）"字样代替（图1-7）。

(a) 尺寸数字的注写位置

(b) 相同尺寸之间的省略

图1-7　尺寸标注方法

### 2. 文字说明

在一幅完整的图样中用图线方式表现得不充分和无法用图线表示的地方，需要用文字进行说明，例如材料名称、构配件名称、构造做法、统计表及图名等。文字说明是图样内容的重要组成部分，制图规范对文字标注中的字体、字号（字的大小）、字体字号搭配等方面作了一些具体规定。

（1）一般原则。字体要端正，排列要整齐，字体要清晰准确、美观大方，避免过于个性化的文字标注。

（2）字体。一般标注所用的字体推荐采用仿宋字，标题所用的字体可用楷体、隶书、黑体字等。

（3）字的大小。标注的文字高度要适中。同一类型的文字要采用同一大小的字。较大的字用于较概括性的说明内容，较小的字用于较细致的说明内容。字体及大小的搭配注意体现层次感（图1-8、表1-4）。

图1-8　长仿宋体字

表1-4　长仿宋体的高宽关系　　　　　　　　　　　　单位：mm

| 字体 | 尺寸 | | | | | |
|---|---|---|---|---|---|---|
| 字高 | 20 | 14 | 10 | 7 | 5 | 3.5 |
| 字宽 | 14 | 10 | 7 | 5 | 3.5 | 2.5 |

## 四、常用图示标志

### 1.详图索引符号及详图符号

在平面图、立面图、剖面图中会有需要另设详图表示的部位，可标注一个索引符号，以表明该详图的位置，该索引符号就是详图索引符号。详图索引符号采用细实线绘制，圆圈直径10mm（图1-9、图1-10）。

详图符号即详图的编号，用粗实线绘制，圆圈直径为14mm（图1-11）。

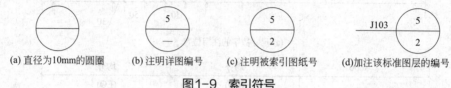

(a) 直径为10mm的圆圈　(b) 注明详图编号　(c) 注明被索引图纸号　(d)加注该标准图层的编号

图1-9　索引符号

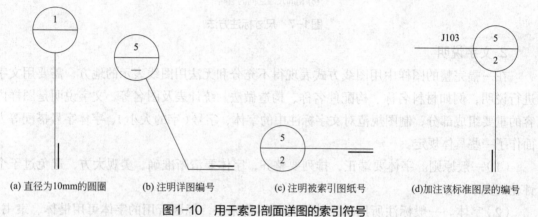

(a) 直径为10mm的圆圈　　(b) 注明详图编号　　(c) 注明被索引图纸号　　(d)加注该标准图层的编号

图1-10　用于索引剖面详图的索引符号

(a) 与被索引图样同在一张图纸内的详图符号　(b) 与被索引图样不在一张图纸内的详图符号

图1-11　详图符号

### 2.引出线

由图样引出一条或多条线段指向文字说明，该线段就是引出线（图1-12、图1-13）。引出线线宽应为0.25b，宜采用水平方向的直线，或与水平方向的夹角成30°、45°、60°、90°，并经上述角度再折为水平线。文字说明宜注写在水平线的上方，或注写在水平线的端部。索引详图的引出线，应与水平直径相连接。同时引出几个相同部分的引出线，宜相互平行，也可画成集中于一点的放射线。

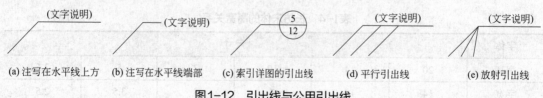

(a) 注写在水平线上方　(b) 注写在水平线端部　(c) 索引详图的引出线　(d) 平行引出线　(e) 放射引出线

图1-12　引出线与公用引出线

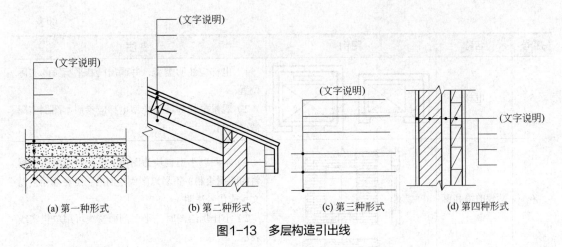

(a) 第一种形式　　(b) 第二种形式　　(c) 第三种形式　　(d) 第四种形式

图1-13　多层构造引出线

### 3. 内视符号

特定的室内空间领域总存在竖向分隔，如隔断或墙体。因此，根据具体情况，就需要绘制一个或多个立面图来表达隔断、墙体及家具、构造配件的设计情况。内视符号标注在装饰平面图中，包含视点位置、方向和编号3个信息（图1-14）。

为了方便查阅，下面依据《建筑制图标准》GB/T 50104—2017列出室内外设计图中部分构造及配件图例（表1-5）。

(a) 单项内视符号　　(b) 双向内视符号　　(c) 多项内视符号

图1-14　内视符号

表1-5　构造及配件图例

| 序号 | 名称 | 图例 | 备注 |
|---|---|---|---|
| 1 | 墙体 | | 应加注文字或填充图例表示墙体材料，在项目设计图样说明列出材料图例给予说明 |
| 2 | 隔断 | | 1）包括板条抹灰、木制、石膏板、金属材料等隔断；<br>2）适用于到顶与不到顶隔断 |
| 3 | 栏杆 | | 1）包括金属、木制、混凝土、玻璃等栏杆材料；<br>2）适用于平面图中各种不到顶的栏杆 |
| 4 | 楼梯 | | 1）上图为底层楼梯平面，中图为中间层楼梯平面，下图为顶层楼梯平面；<br>2）楼梯及栏杆扶手的形式和梯段步数应按实际情况绘制 |

| 序号 | 名称 | 图例 | 备注 |
|---|---|---|---|
| 5 | 电梯 | | 1）电梯应注明类型，并画出门和平衡锤的实际位置；<br>2）观景电梯等特殊类型电梯应参照本图例实际情况绘制 |
| 6 | 新建的墙和窗 | | 1）本图以小型砌块为图例，绘图时应按所用材料的图例绘制；不易以图例绘制的，可在墙面上以文字或代号注明；<br>2）小比例绘图时，平、剖面窗线可用单粗实线表示 |
| 7 | 改建时保留的原有墙和窗 | | 在AutoCAD中绘制墙体和窗时，线宽须不同，线型颜色也需要有所区分 |
| 8 | 单扇门<br>（包括平开或单面弹簧门） | | 1）门的名称代号用M；<br>2）图例中剖面图左为外、右为内，平面图下为外、上为内；<br>3）立面图上开启方向线交角的一侧为安装合页的一侧，实线为外开、虚线为内开；<br>4）平面图上门线应90°或45°开启，开启弧线宜绘出；<br>5）立面图上的开启线在一般设计图中可不表示，在详图及室内设计图上应表示；<br>6）立面形式应按实际情况绘制 |
| 9 | 双扇门<br>（包括平开或单面弹簧门） | | |
| 10 | 对开折叠门 | | |
| 11 | 推拉门 | | 1）门的名称代号用M；<br>2）图例中剖面图左为外、右为内，平面图下为外、上为内；<br>3）立面形式应按实际情况绘制 |

| 序号 | 名称 | 图例 | 备注 |
|---|---|---|---|
| 12 | 墙外单扇推拉门 | | |
| 13 | 墙外双扇推拉门 | | 绘制时需用箭头标出门的推拉方向 |
| 14 | 墙中单扇推拉门 | | |
| 15 | 墙中双扇推拉门 | | |
| 16 | 单扇双面弹簧门 | | 1）门的名称代号用M；<br>2）图例中剖面图左为外、右为内，平面图下为外、上为内；<br>3）立面图上开启方向线交角的一侧为安装合页的一侧，实线为外开、虚线为内开；<br>4）平面图上门线应90°或45°开启，开启弧线宜绘出；<br>5）立面图上的开启线在一般设计图中可不表示，在详图及室内设计图上应表示；<br>6）立面形式应按实际情况绘制 |
| 17 | 双扇双面弹簧门 | | |
| 18 | 单扇内外开双层门（包括平开或单面弹簧门） | | 绘制时用弧线表示开关门的行走路径，用以确定门外走道空间是否充足,确保行走流畅 |

| 序号 | 名称 | 图例 | 备注 |
|---|---|---|---|
| 19 | 双扇内外开双层门（包括平开或单面弹簧门） | | 绘制时用弧线表示开关门的行走路径，用以确定门外走道空间是否充足,确保行走流畅 |
| 20 | 转门 | | 1）门的名称代号用M；<br>2）图例中剖面图左为外、右为内，平面图下为外、上为内；<br>3）平面图上门线应90°或45°开启，开启弧线宜绘出；<br>4）立面图上的开启线在一般设计图中可不表示，在详图及室内设计图上应表示；<br>5）立面形式应按实际情况绘制 |
| 21 | 自动门 | | 1）门的名称代号用M；<br>2）图例中剖面图左为外、右为内，平面图下为外、上为内；<br>3）立面形式应按实际情况绘制 |
| 22 | 折叠上翻门 | | 1）门的名称代号用M；<br>2）图例中剖面图左为外、右为内，平面图下为外、上为内；<br>3）立面图上的开启线在一般设计图中可不表示，在详图及室内设计图上应表示；<br>4）立面图形式应按实际情况绘制；<br>5）立面图上的开启线设计图中应表示 |
| 23 | 竖向卷帘门 | | 1）门的名称代号用M；<br>2）图例中剖面图左为外、右为内，平面图下为外、上为内；<br>3）立面形式应按实际情况绘制 |
| 24 | 横向卷帘门 | | |

| 序号 | 名称 | 图例 | 备注 |
|---|---|---|---|
| 25 | 提升门 | | 1）门的名称代号用M；<br>2）图例中剖面图左为外、右为内，平面图下为外、上为内；<br>3）立面形式应按实际情况绘制 |
| 26 | 单层固定窗 | | 1）窗的名称代号用C表示；<br>2）立面图中的斜线表示窗的开启方向，实线为外开、虚线为内开；开启方向线交角的一侧为安装合页的一侧，一般设计图中可不表示；<br>3）图例中，剖面图所示左为外、右为内，平面图下为外、上为内；<br>4）平面图和剖面图上的虚线仅说明开关方式，在设计图中不需表示；<br>5）窗的立面形式应按实际绘制；<br>6）小比例绘图时，平面、剖面的窗线可用单粗实线表示 |
| 27 | 单层<br>外开上悬窗 | | |
| 28 | 单层中悬窗 | | |
| 29 | 单层<br>内开下悬窗 | | 1）窗的名称代号用C表示；<br>2）立面图中的斜线表示窗的开启方向，实线为外开、虚线为内开；开启方向线交角的一侧为安装合页的一侧，一般设计图中可不表示；<br>3）图例中，剖面图所示左为外、右为内，平面图所示下为外、上为内；<br>4）平面图和剖面图上的虚线仅说明开关方式，在设计图中不需表示；<br>5）窗的立面形式应按实际绘制；<br>6）小比例绘图时，平面、剖面的窗线可用单粗实线表示 |
| 30 | 立转窗 | | |
| 31 | 单层<br>外开平开窗 | | |

| 序号 | 名称 | 图例 | 备注 |
|------|------|------|------|
| 32 | 单层<br>内开平开窗 | | 1）窗的名称代号用C表示；<br>2）立面图中的斜线表示窗的开启方向，实线为外开、虚线为内开；开启方向线交角的一侧为安装合页的一侧，一般设计图中可不表示；<br>3）图例中，剖面图所示左为外、右为内，平面图所示下为外、上为内；<br>4）平面图和剖面图上的虚线仅说明开关方式，在设计图中不需表示；<br>5）窗的立面形式应按实际绘制；<br>6）小比例绘图时，平面、剖面的窗线可用单粗实线表示 |
| 33 | 双层<br>内外开平开窗 | | |
| 34 | 推拉窗 | | 1）窗的名称代号用C表示；<br>2）图例中，剖面图所示左为外、右为内，平面图所示下为外、上为内；<br>3）窗的立面形式应按实际绘制；<br>4）小比例绘图时，平面、剖面的窗线可用单粗实线表示 |
| 35 | 上推窗 | | |
| 36 | 百页窗<br>（百叶窗） | | 1）窗的名称代号用C表示；<br>2）立面图中的斜线表示窗的开启方向，实线为外开、虚线为内开；开启方向线交角的一侧为安装合页的一侧，一般设计图中可不表示；<br>3）图例中，剖面图所示左为外、右为内，平面图所示下为外、上为内；<br>4）平面图和剖面图上的虚线仅说明开关方式，在设计图中不需表示；<br>5）窗的立面形式应按实际绘制 |
| 37 | 高窗 | $H=$ | 1）窗的名称代号用C表示；<br>2）立面图中的斜线表示窗的开启方向，实线为外开、虚线为内开；开启方向线交角的一侧为安装合页的一侧，一般设计图中可不表示；<br>3）图例中，剖面图所示左为外、右为内，平面图所示下为外、上为内；<br>4）平面图和剖面图上的虚线仅说明开关方式，在设计图中不需表示；<br>5）窗的立面形式应按实际绘制；<br>6）$H$为窗底距本层楼地面的高度 |

## 五、常用材料符号与绘图比例

室内外设计制图中经常采用材料图例来表示材料，在无法用图例表示的地方，也采用文字说明，为了方便查阅，表 1-6 列举了部分材料图例。

以下为常用绘图比例，读者可根据实际情况灵活使用。

（1）平面图　常用绘图比例为 1∶50、1∶100 等。

（2）立面图　常用绘图比例为 1∶20、1∶30、1∶50、1∶100 等。

（3）顶棚图　常用绘图比例为 1∶50、1∶100 等。

（4）构造详图　常用绘图比例为 1∶1、1∶2、1∶5、1∶10、1∶20 等。

表1-6　常用建筑材料图例

| 序号 | 名称 | 图例 | 备注 |
|---|---|---|---|
| 1 | 自然土壤 | | 包括各种自然土壤 |
| 2 | 夯实土壤 | | 一般指有密实度的回填土，用于较大型建筑图样中 |
| 3 | 砂、灰土 | | 靠近轮廓线部位画较密的点 |
| 4 | 砂砾石、碎砖三合土 | | 内部填充小三角，依据实际情况调节比例 |
| 5 | 石材 | | 包括大理石、花岗岩、水磨石和合成石 |
| 6 | 毛石 | | 一般指不成形的石料，主要用于砌筑基础、勒脚、墙身、堤坝 |
| 7 | 普通砖 | | 包括实心砖、多孔砖、砌块等砌体；断面较窄不易绘出图例线时，可涂红 |
| 8 | 饰面砖 | | 包括铺地砖、陶瓷锦砖（又名马赛克）、人造大理石等 |
| 9 | 混凝土 | | 1）本图例指能承重的混凝土及钢筋混凝土； |
| 10 | 钢筋混凝土 | | 2）包括各种强度等级、骨料、添加剂的混凝土；<br>3）断面图形小，不易画出图例线时，可涂黑 |
| 11 | 泡沫塑料材料 | | 包括聚苯乙烯、聚乙烯、聚氨酯等多孔聚合物类材料 |
| 12 | 木材 | | 1）上图为横断面，上左图为垫木、木砖或木龙骨材料图例；<br>2）下图为纵断面 |
| 13 | 胶合板 | | 应注明为×层胶合板及特种胶合板名称 |
| 14 | 石膏板 | | 包括圆孔、方孔石膏板及防水石膏板等 |
| 15 | 金属 | | 1）包括各种金属；<br>2）图形小时，可涂黑 |
| 16 | 玻璃 | | 包括平板玻璃、磨砂玻璃、夹丝玻璃、钢化玻璃、中空玻璃、加层玻璃、镀膜玻璃等 |

**本章小结**

　　本章主要介绍了设计制图标准和规范，设计师应熟记国家制图标准与材料图例，使用统一的制图规范，才会在画图的时候带来极大的便利，学会识读图纸信息，学会基本的设计绘图技能。其中材料图例有助于更好的识图，是必不可少的识图指南，设计师应该熟练掌握材料图例，以方便后期制图。

**课后练习题** ·············································································

　　1.按照《房屋建筑统一制图标准（GB/T 50001—2017）》规定，尺寸包括哪些内容？各部分的绘图规定是什么？

　　2.尺寸的排列与布置有什么要求？

　　3.正确画出A4横式幅面图纸。

　　4.正确识读并背记表1-5构造及配件图例中的门窗图样与含义。

　　5.分析表1-6常用建筑材料图例中材料填充图案的特征。

# 第二章

# AutoCAD 基础操作

学习难度：★★☆☆☆

重点概念：操作界面、基本操作、基本设置

章节导读：本章主要介绍AutoCAD绘图时操作界面的基础操作知识，详细介绍图形的系统参数，重点讲述各类工具与图标的功能、特征，读者应理清这些工具之间的逻辑关系，熟练掌握AutoCAD的基本操作。

## 第一节　AutoCAD操作界面

### 一、AutoCAD经典界面调整

AutoCAD 操作界面是 AutoCAD 显示和编辑图形的区域。为了便于学习和使用，所以采用 AutoCAD 经典风格的操作界面介绍。虽然从 AutoCAD2015 开始，AutoCAD 就没有默认的经典模式了。不少用惯了 AutoCAD 经典工作界面的读者一定对新的工作界面非常不习惯，其实将现在的工作界面转换为经典界面并不难，具体的转换方法如下。

**1. 显示菜单栏**

（1）单击"快速启动按钮"，在下拉菜单中单击"显示菜单栏"命令（图 2-1）。

单击"快速启动按钮"，在下拉菜单中单击"隐藏菜单栏"命令，或者在菜单栏工具条上右击，然后单击"显示菜单栏"，

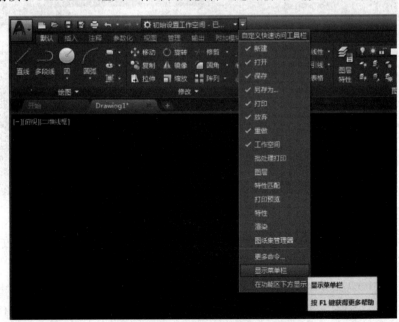

图2-1　单击"显示菜单栏"

则系统不显示经典菜单栏。

（2）经过第一步的操作之后，系统显示经典菜单栏，包含"文件、编辑、视图、插入、格式、工具、绘图、标准、修改、参数、窗口、帮助"（图2-2）。

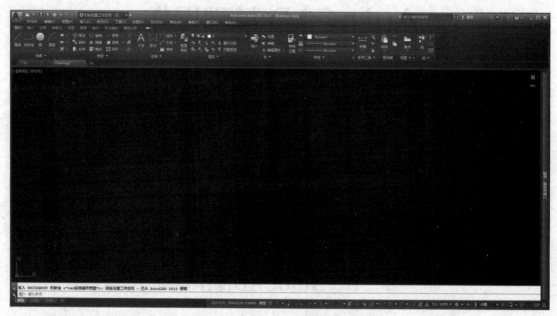

图2-2　显示菜单栏后的界面

### 2. 调出工具栏

（1）依次单击"工具""工具栏""AutoCAD"，展开联级菜单，单击"修改"选项（图2-3）。

图2-3　依次展开菜单，点击"修改"选项

点击"修改"选项之后在操作界面的左边就出现了传统的"修改"工具栏（图2-4）。

（2）将光标置于"修改"工具栏，右键单击（图2-5）。

（3）在弹出的快捷键菜单栏中选择"标注""标准""绘图""绘图次序""视觉样式""特性""图层""修改"等选项，显示相应的工具栏（图2-6）。调出传统的平面绘图与编辑等工具栏之后，整个界面较混乱，需根据个人习惯调整界面顺序（图2-7）。

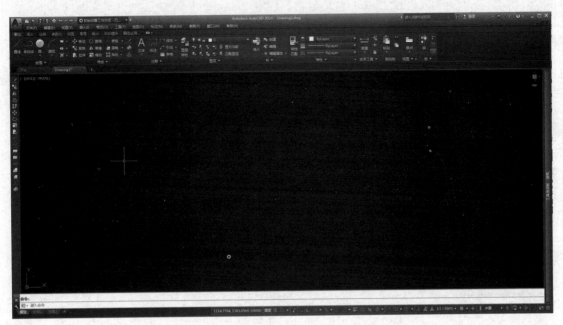

图2-4  界面的左边出现"修改工具栏"

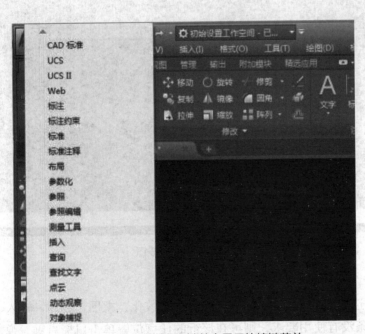

图2-5  在工具栏上右键单击显示快捷键菜单

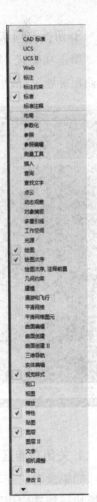

图2-6  在菜单栏中勾选

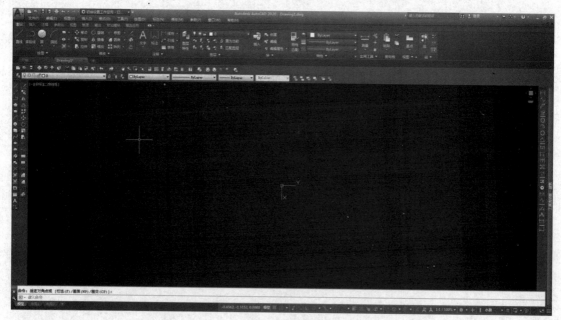

图2-7 根据个人喜好调整工作界面

### 3. 切换选项卡、面板标题以及面板按钮

单击功能区"默认"一行最右边的三角形按钮，可以切换"最小化为选项卡""最小化为面板标题""最小化为面板按钮"等三个选项，但系统并未关闭选项卡（图 2-8）。

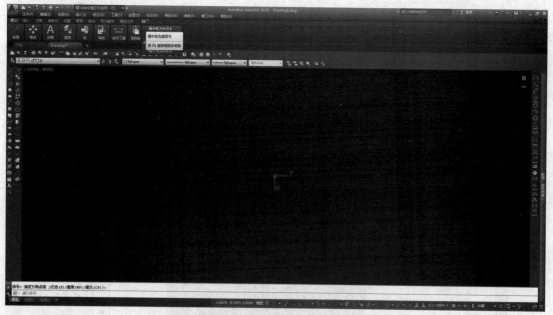

图2-8 切换选项卡、面板标题、面板按钮

### 4. 关闭功能区

如果读者对于功能区选项卡的"默认、插入、注释、参数化、视图、管理、输入、附加模块、精选应用"工具条没有使用要求，则可在该行的任意位置单击鼠标右键，弹出快

捷键菜单栏，点击"关闭"选项即可（图2-9）。

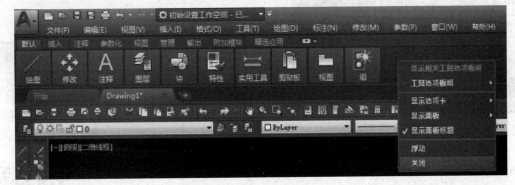

图2-9 关闭功能区

### 5. 建立经典工作界面

（1）经过上述的操作之后，传统的经典界面回归了（图2-10），可以展开"工具"栏点击"选项"。点击"选型"中的"显示"，去掉"显示文件夹选项卡"的勾选，则不显示菜单栏下方的"开始""drawing1"等文件的选项卡，如图2-11。

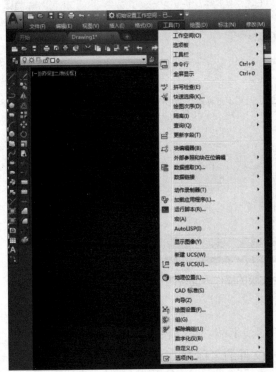

图2-10 展开工具栏点击"选项"　　　　图2-11 去掉勾选的"显示文件夹选项卡"

（2）单击"草图与注释"，在下拉列表中选择"将当前工作空间另存为…"（图2-12）。

（3）在弹出的对话框中输入"CAD经典操作界面"或其他容易识别的名字，点击保存，可以针对二维绘图和三维绘图分别建立自己的工作空间。当然，也可以在已有的工作空间"草图与注释""三维基础""三维建模"上进行修改（图2-13）。

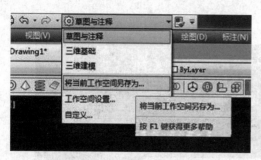

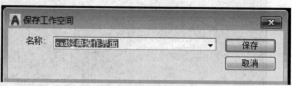

图2-12 选择"将当前工作空间另存为…" 图2-13 保存工作空间对话框

## 二、操作界面

完整的 AutoCAD 经典操作界面包含的内容有标题栏、绘图区域、十字光标、菜单栏、工具栏、坐标系图标、命令行窗口、状态栏、布局标签和滚动条等（图 2-14）。

二维码 1

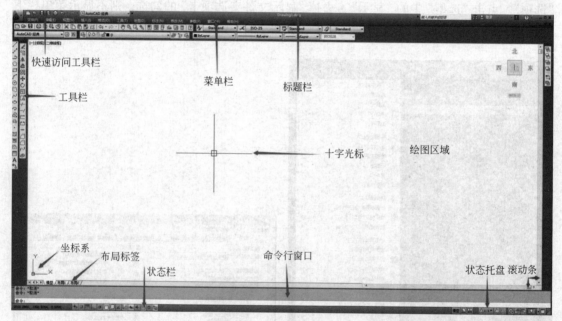

图2-14 AutoCAD中文版的操作界面说明

### 1. 标题栏

在 AutoCAD 中文版中标题栏位于绘图窗口的最上端。标题栏主要显示了系统当前正在运行的应用程序。默认启动时创建并打开的图形文件的名称 Drawing1.dwg（图 2-15）。

图2-15 AutoCAD启动时的标题栏

### 2. 绘图区域

绘图区域是指标题栏下方的大片空白区域，是用户绘制图形的区域。绘图区域中类似光标的十字线，显示当前光标的位置。十字线的方向与当前用户坐标系的 $X$ 轴和 $Y$ 轴方向平行，十字线的长度默认为屏幕大小的5%（图2-16）。

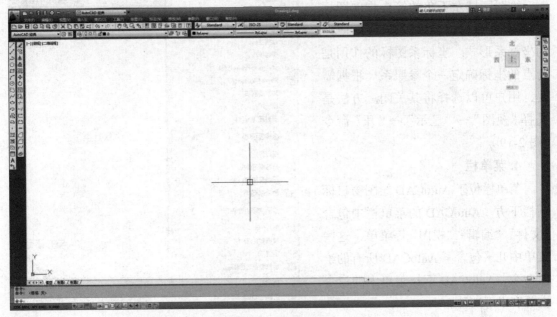

图2-16　操作界面的光标

（1）修改十字光标大小。在操作界面中选择"工具"→"选项"命令，将弹出"选项"对话框。选择"显示"选项卡，在"十字光标大小"选项组的文本框中直接输入数值，或拖动文本框后的滑块，即可调整大小（图2-17）。

（2）修改绘图窗口的颜色。在默认情况下，AutoCAD的绘图窗口是黑色背景、白色线条，要修改绘图窗口的颜色。修改绘图窗口颜色的步骤如下。

① 在"选项"对话框中单击"窗口元素"选项组中的"颜色"按钮，打开"图形窗口颜色"对话框。

② 在"颜色"下拉列表框中选择需要的窗口颜色，单击"应用并关闭"按钮，此时AutoCAD的绘图窗口变成了选择的窗口背景色（图2-18）。

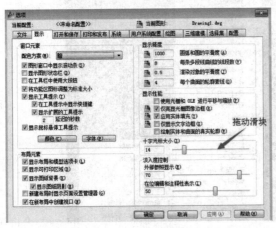

图2-17　调整光标大小

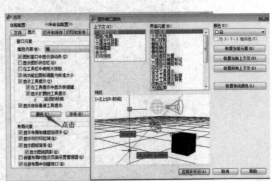

图2-18　选择窗口颜色

### 3. 坐标系图标

绘图区域左下角的箭头指向图标为坐标系图标,表示绘图时正使用的坐标系形式。坐标系图标的作用是为点的坐标确定一个参照系。根据需要,用户可以选择将其关闭。方法是选择"视图"→"显示"→"开"命令(图2-19)。

### 4. 菜单栏

菜单栏位于AutoCAD绘图窗口标题栏下方。AutoCAD的菜单栏中包含"文件""编辑""视图"等菜单,这些菜单中几乎包含了AutoCAD所有的绘图命令,AutoCAD下拉菜单中的命令主要有以下三种。

(1)带有子菜单的命令。这种类型的命令后面带有小三角形,单击菜单栏中的"绘图"菜单,指向其下拉菜单中的"圆"命令,屏幕上就会显示出"圆"子菜单中所包含的命令(图2-20)。

(2)打开对话框的菜单命令。这种类型的命令后面带有省略号,单击菜单栏中的"格式"菜单,选择其下拉菜单中的"文字样式(S)…"命令(图2-21),屏幕上就会打开对应的"文字样式"对话框(图2-22)。

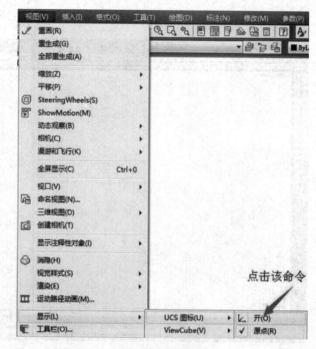

图2-19 调节视图

二维码2　　　　二维码3　　　　二维码4

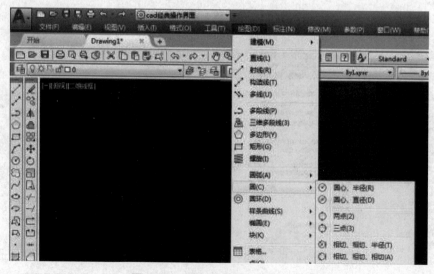

图2-20 带有子菜单的菜单命令

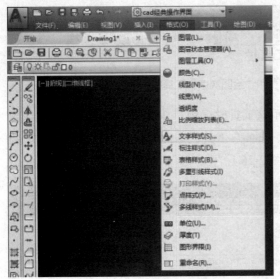

图2-21　打开对话框的菜单命令

图2-22　"文字样式"对话框

（3）直接执行操作的菜单命令。这种类型的命令后面既不带小三角形，也不带省略号，选择该命令将直接进行操作。例如，选择菜单栏中的"视图""重画"命令，系统将刷新显示所有视口（图2-23）。

**5. 工具栏**

工具栏是图标型工具的集合，将光标移动到某个图标，稍停片刻即在该图标一侧显示相应的工具提示，同时在状态栏中会显示对应的说明和命令名。此时，单击图标也可以启动相应命令。

在默认情况下，可以看到绘图区域顶部的"标准""样式""特性""图层"工具栏，和位于绘图区域两侧的"绘图""修改""绘图次序"工具栏（图2-24、图2-25）。

将光标放在任意一个工具栏的非标题区，单击鼠标右键，系统会自动打开单独的工具栏标签。单击某一个未在界面显示的工具栏名称，系统自动打开该工具栏。反之，则关闭工具栏。

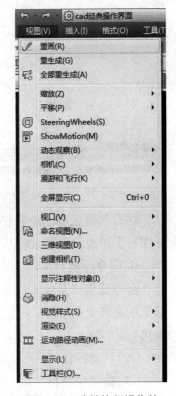

图2-23　直接执行操作的菜单命令

图2-24　"标准""样式""特性""图层"工具栏

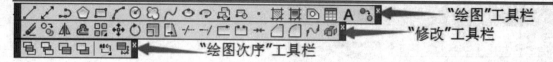

"绘图"工具栏
"修改"工具栏
"绘图次序"工具栏

图2-25 "绘图""修改"和"绘图次序"工具栏

工具栏可以在绘图区域"浮动"。此时显示该工具栏标题,并可关闭该工具栏,用鼠标拖动"浮动"工具栏到图形区边界,使它变为"固定"工具栏,此时该工具栏标题隐藏,将"固定"工具栏拖出,使它成为"浮动"工具(图2-26)。

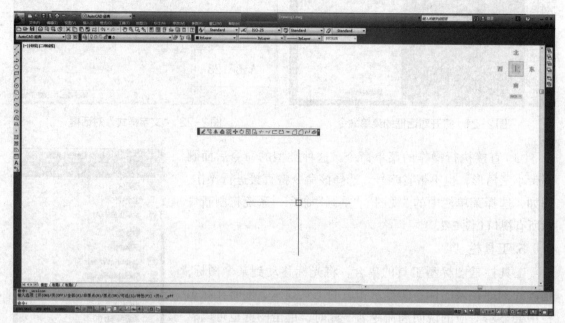

图2-26 "绘图""修改"和"绘图次序"工具栏

在有些图标右下角带有一个小三角,单击后会打开相应的工具列表,将光标移动到某一图标上单击,该图标就为当前图标。单击当前图标,即可执行相应命令(图2-27)。

## 6.命令行窗口

命令行窗口是输入命令和显示命令提示的区域,默认命令行窗口位于绘图区域下方,显示的是若干文本行。对当前命令窗口中输入内容,可以按【F2】键用文本编辑的方法进行编辑(图2-28)。

(1)移动拆分条,可以扩大与缩小命令行窗口。

(2)拖动命令行窗口,将其放置在屏幕上的其他位置。默认情况下,命令行窗口位于图形窗口下方。

(3)对当前命令窗口中输入的内容,按下【F2】键,采用文本编辑的方法进行编辑。在 AutoCAD 中,文本窗口和命令行窗口相似,它可以显示当前 AutoCAD 进程中命令的输入和执行过程,在 AutoCAD 中执行某些命令时,它会自动切换到文本窗口,列出有关信息。

(4)AutoCAD 通过命令行窗口,反馈各种信息,包括出错信息。

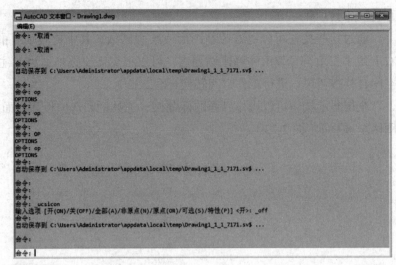

点击此处小三角，
打开相应工具列表

图2-27 打开相应的
工具列表

图2-28 打开文本窗口

### 7. 布局标签

AutoCAD 系统默认设定一个模型空间布局标签和"布局 1""布局 2"两个图样空间布局标签。

（1）布局。布局是 AutoCAD 为绘图设置的环境，包括图纸大小、尺寸单位、角度设定、数值精确度等，可以根据实际需要改变这些数值。用户也可以根据需要设置符合自己要求的新标签。

（2）模型。AutoCAD 空间分为模型空间和图纸空间。模型空间是绘图环境，图纸空间中可以创建"浮动视口"区域，用不同视图显示所绘图形。图纸空间可打印多个视图，用户可以打印任意布局视图。

### 8. 状态栏

状态栏位于屏幕底部，左端显示绘图区域中光标定位点坐标 X、Y、Z，向右侧依次有"推断约束""捕捉模式""栅格显示""正交模式""极轴追踪""对象捕捉""三维对象捕捉""对象捕捉追踪""允许 / 禁止动态 UCS""动态输入""显示 / 隐藏线宽""显示 / 隐藏透明度""快捷特征""选择循环"等功能开关按钮。单击这些开关按钮，可以实现这些功能的开启和关闭（图 2-29）。

图2-29 状态栏

### 9. 滚动条

AutoCAD 绘图窗口下方和右侧方为浏览图形的水平和竖直方向的滚动条。在滚动条中拖动滚动块，可以在绘图窗口中按水平或竖直两个方向浏览图形。

### 10. 状态托盘

AutoCAD 状态托盘包括常见的显示工具和注释工具，包括模型空间和布局空间之间相互转换工具（图2-30）。

通过这些按钮可以更好控制图形或绘图区域。其中比较重要的是，左键单击注释比例右下角小三角符号弹出注释比例列表，可以根据需要选择适当的注释比例（图2-31）。工作空间转换按钮可以进行工作空间转换（图2-32）。

全屏显示按钮可以操作界面的标题栏、工具栏和选项板等界面元素，使 AutoCAD 的绘图区全屏显示（图2-33）。

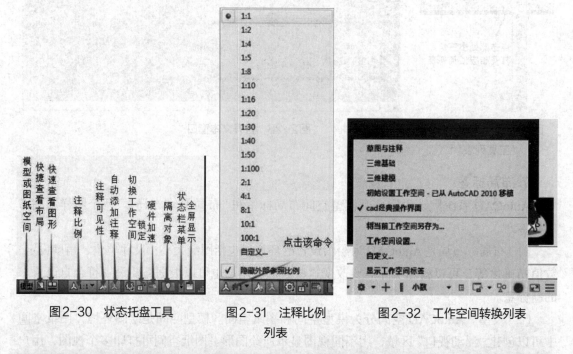

图2-30　状态托盘工具　　　　　图2-31　注释比例　　　图2-32　工作空间转换列表
　　　　　　　　　　　　　　　　　　　　　列表

图2-33　全屏显示

### 11. 快速访问工具栏和交互信息工具栏

（1）快速访问工具栏。包括"新建""打开""保存""另存为""打印""放弃""重做""工作空间"等几个常用工具。用户也可以单击本工具栏后面的下拉按钮，设置需要的常用工具。

（2）交互信息工具栏。包括"搜索""Autodesk360""Autodesk Exchange 应用程序""保持连续""帮助"等几个常用的数据交互访问工具。

# 第二节　AutoCAD基本操作

## 一、文件管理

### 1. 新建文件

新建图形文件的方法为，选择菜单栏中的"文件"→"新建"命令（图 2-34），系统会弹出"选择样板"对话框，在"文件类型"下拉列表框中有 3 种格式的图形样板，分别是 .dwt、.dwg、.dws（图 2-35）。.dwt 文件是标准的样板文件，通常将一些规定的标准性的样板文件设成 .dwt 文件；.dwg 文件是普通的样板文件；而 .dws 文件是包含标准图层、标注样式、线型和文字样式的样板文件。

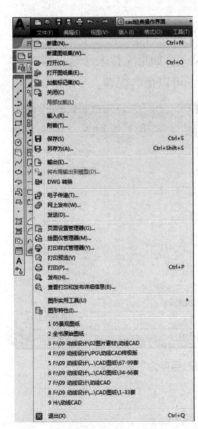

图2-34　新建命令

图2-35　弹出"选择样板"对话框

## 2. 打开文件

打开图形文件的方法主要有以下 2 种。

（1）在命令行中输入"OPEN"命令（图 2-36）。

（2）选择菜单栏中的"文件"→"打开"命令。

执行上述命令后，系统弹出"选择文件"对话框（图 2-37），在"文件类型"下拉列表框中可选 .dwg 等格式文件。

图2-36　输入"OPEN"命令

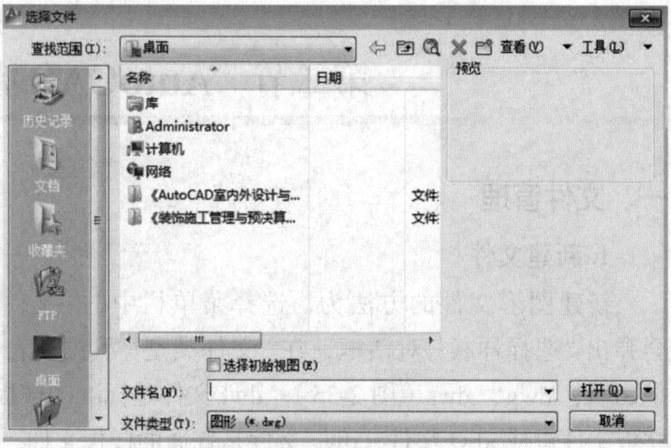

图2-37　弹出"选择文件"对话框

## 3. 保存文件

保存图形文件的方法为，单击"标准"工具栏中的"保存"命令（图 2-38）。

执行上述命令后，如果文件已命名，则 AutoCAD 自动保存；如果文件未命名，即为默认名 Drawing1.dwg，则弹出"图形另存为"对话框（图 2-39），可以命名保存。

图2-38　"标准"工具栏中的
　　　"保存"命令

图2-39　弹出"图形另存为"对话框

## 4. 另存为

对打开的已有图形进行修改后，可用"另存为"命令对其进行改名存储，具体方法：选择菜单栏中的"文件"→"另存为"命令。系统会弹出"图形另存为"对话框,可以将图形用其他名称保存。

**5.退出**

图形绘制完毕后,想退出 AutoCAD 可用退出命令,调用退出命令的方法:单击 AutoCAD 操作界面右上角的"关闭"命令。执行上述命令后,会出现"系统警告"对话框(图2-40)。单击"是"按钮,系统将保存文件,然后退出;单击"否"按钮,系统将不保存文件。如果已经对图形所做的修改已经保存,则直接退出。

**6.图形修复**

调用图形修复命令的方法为,选择菜单栏中的"文件"→"图形实用工具"→"图形修复管理器"命令。系统弹出"图形修复管理器"(图2-41),打开"备份文件"列表中的文件,可以重新保存,从而进行修复。

二维码5

图2-40 弹出"系统警告"对话框

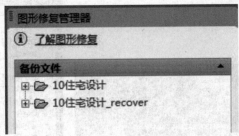

图2-41 弹出"图形修复管理器"

## 二、基本输入操作

### 1.命令输入方式

AutoCAD 交互绘图必须输入必要的指令和参数。有多种 AutoCAD 命令输入方式,下面以画直线为例进行介绍。

(1)输入命令名。在命令行提示中经常会出现命令选项。例如,输入绘制直线命令 LINE 后,在命令行的提示下在屏幕上指定一点或输入一个点的坐标,当命令行提示"指定下一点或[放弃(U)]:"时,选项中不带括号的提示为默认选项。

(2)选择"绘图"菜单中的"直线"命令。在状态栏中可以看到对应的命令说明及命令名。

(3)在命令行窗口打开右键快捷菜单。如果在前面刚使用过要输入的命令,则可以在命令行窗口单击鼠标右键,打开快捷菜单,在"最近使用的命令"子菜单中选择需要的命令(图2-42)。

(4)在绘图区域单击鼠标右键。如果要重复使用上次使用的命令,

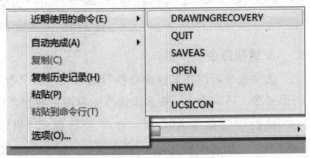

图2-42 弹出"快捷菜单"

可以直接在绘图区域单击鼠标右键，系统立即重复执行上次使用的命令。

**2. 命令的重复、撤销和重做**

（1）命令重复。在命令行窗口中按【Enter】键可重复调用上一个命令，不管上一个命令是完成了还是被取消了。

（2）命令撤销。在命令执行的任何时刻都可以取消和终止命令的执行。执行该命令时，调用方法有以下4种。

① 在命令行中输入"UNDO"命令（图2-43）。

② 选择菜单栏中的"编辑"→"放弃"命令（图2-44）。

③ 单击"标准"工具栏中的"放弃"命令（图2-45）。

④ 利用快捷键【Esc】。

图2-43　命令行输入命令

图2-44　菜单栏中
"放弃"命令

图2-45　标准栏中的"放弃"命令

（3）命令重做。已被撤销的命令还可以恢复重做，即恢复撤销的最后一个命令。执行该命令时，选择菜单栏中的"编辑"→"重做"命令。还可以一次执行多重放弃和重做操作，方法是单击 UNDO 或 REDO 列表箭头，在弹出的列表中选择要放弃或重做的操作即可（图2-46）。

图2-46　多重放弃或重做

**3. 透明命令**

透明命令可以在其他命令执行过程中插入并执行，待该命令执行完毕后，系统继续执行原命令。透明命令一般多为修改图形设置或找开辅助绘图工具的命令。

执行圆弧命令 ARC 时，在命令行提示"指定圆弧的起点或［圆心（C）］:"时输入"ZOOM"，则透明使用显示缩放命令，按 <Esc> 键退出该命令后，则恢复执行 ARC 命令（图2-47）。

图2-47 命令行输入"ZOOM"命令

### 4. 坐标系统与数据输入

（1）坐标系。AutoCAD 默认采用世界坐标系（WCS），绘制图形时多数情况下都是在这个坐标系统下进行。调用用户坐标系命令的方法：选择菜单栏中的"工具"→"新建 UCS"命令。AutoCAD 有两种视图显示方式，即模型空间和布局空间。模型空间是指单一视图显示法，通常默认使用的是这种显示方式（图 2-48）；布局空间是指在绘图区域创建图形的多视图，可以对其中每一个视图进行单独操作（图 2-49）。

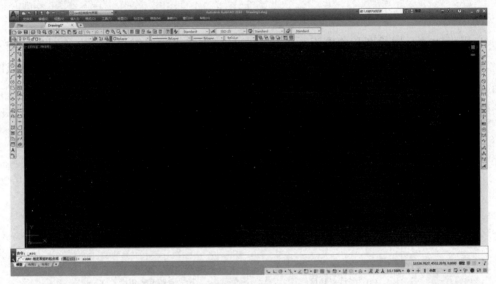

图2-48 模型空间

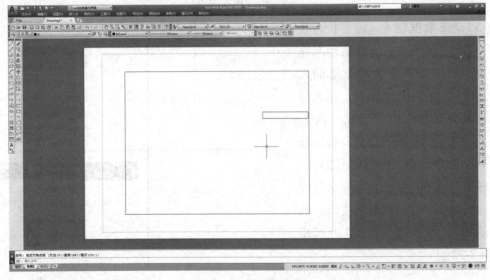

图2-49 布局空间

（2）数据输入方法。点的坐标可以用直角坐标、极坐标表示，下面主要介绍它们的输入方法。

① 直角坐标法。用点的 $X$、$Y$ 坐标值表示的坐标（图2-50）。

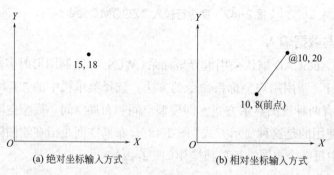

(a) 绝对坐标输入方式　　　　(b) 相对坐标输入方式

图2-50　直角坐标法

② 极坐标法。用长度和角度表示的坐标，只能用来表示二维坐标。在绝对坐标输入方式下，表示为"长度＜角度"，其中长度为该点到坐标原点的距离，角度为该点至原点的连线与 $X$ 轴正向的夹角［图2-51（a）］。在相对坐标输入方式下，表示为"@长度＜角度"，其中长度为该点到前一点的距离，角度为该点至前一点的连线与 $X$ 轴正向的夹角［图2-51(b)］。

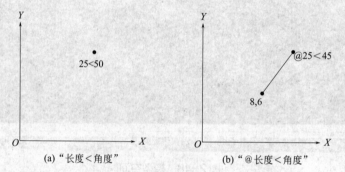

(a) "长度＜角度"　　　　(b) "@长度＜角度"

图2-51　极坐标法

（3）动态数据输入。按下状态栏上的"DYN"按钮，系统弹出动态输入功能，可以在屏幕上动态地输入数据。例如，在绘制直线时，在光标附近，会动态地显示"指定第一点"，当前显示的是光标所在位置，可以输入数据，两个数据之间以逗号隔开。在选择第一点后，系统动态显示直线角度，同时要求输入线段长度值，其输入效果与"@长度＜角度"方式相同（图2-52）。

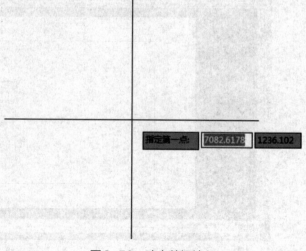

图2-52　动态数据输入

## 三、绘图辅助工具

绘图辅助工具主要指辅助定位工具，可以使用直角坐标和极坐标精确定位点。

### 1. 栅格

AutoCAD 的栅格由有规则的点的矩阵组成，延伸到指定为图形界限的整个区域。可以单击状态栏上的"栅格"按钮或按"F7"键打开或关闭栅格。启用栅格并设置栅格在 $X$ 轴方向和 $Y$ 轴方向上的间距的方法为，选择菜单栏中的"工具"→"绘图设置"命令。系统弹出"草图设置"对话框（图 2-53）。

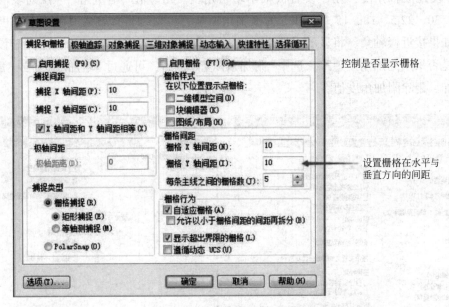

图 2-53 "草图设置"对话框

如果需要显示栅格，选中"启用栅格"复选框。在"栅格 $X$ 轴间距"文本框中输入栅格点之间的水平距离，单位为 mm。如果使用相同的间距设置垂直和水平分布的栅格点，则按 Tab 键；如果间距设置不同，则可以在"栅格 $Y$ 轴间距"文本框中输入栅格点之间的垂直距离。

### 2. 捕捉

AutoCAD 可以生成一个隐含分布于屏幕上的栅格，能够捕捉光标，使得光标只能落到其中的一个栅格点上。捕捉可分为"矩形捕捉"和"等轴测捕捉"两种类型（图 2-54、图 2-55）。

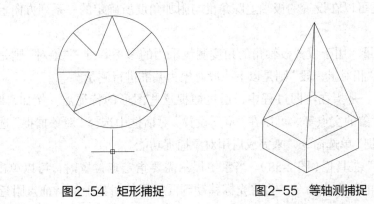

图 2-54 矩形捕捉　　　　图 2-55 等轴测捕捉

"矩形捕捉"，即捕捉点的阵列类似于栅格。捕捉模式在 $X$ 轴方向和 $Y$ 轴方向上的间距，也可改变捕捉模式与图形界限的相对位置。"等轴测捕捉"的模式是绘制正等轴测图时的工作环境，栅格和光标十字线成特定角度。

（1）极轴捕捉。用于设置追踪的距离增量和角度增量，以及与之相关联的捕捉模式。这些设置可以通过"草图设置"对话框的"捕捉和栅格"选项卡与"极轴追踪"选项卡来实现。设置极轴距离：在"草图设置"对话框的"捕捉和栅格"选项卡中，可以设置极轴距离，单位为 mm。绘图时，光标将按指定的极轴距离增量进行移动（图2-56）。

（2）设置极轴角度。用于设置极轴角增量角度。可以在"增量角"下拉列表框中选择90、45、30、22.5、18、15、10 和 5 为极轴角增量，也可以直接输入其他任意角度。光标移动时如果接近极轴角，将显示对齐路径和工具栏提示（图2-57）。"附加角"用于设置极轴追踪时是否采用附加角度追踪。选中"附加角"复选框后，可通过"增加"命令或"删除"命令来增加、删除附加角度值。

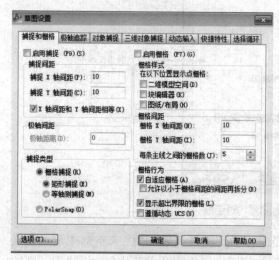

图2-56 设置捕捉和栅格

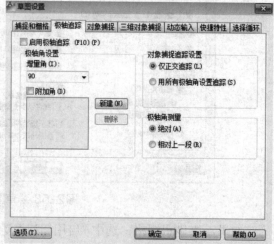

图2-57 设置极轴追踪

（3）对象捕捉追踪设置。用于设置对象捕捉追踪的模式。如果选中"仅正交追踪"单选按钮，则当采用追踪功能时，系统仅在水平和垂直方向上显示追踪数据；如果选中"用所有极轴角设置追踪"单选按钮，则当采用追踪功能时，系统不仅可以在水平和垂直方向显示追踪数据，还可以在设置的极轴追踪角度与附加角度所确定的一系列方向上显示追踪数据。

（4）极轴角测量。用于设置极轴角的角度测量采用的参考基准，"绝对"则是相对水平方向逆时针测量，"相对上一段"则是以上一段对象为基准进行测量。

（5）对象捕捉。是指在绘图过程中，通过捕捉这些图形的特征点。例如，圆的圆心、线段中点或两个对象的交点等。可以在"草图设置"对话框中选择"对象捕捉"选项卡，并选中"启用对象捕捉"单选命令，来完成启用对象捕捉功能。

①"对象捕捉"工具栏（图2-58）。当系统提示需要指定点位置时，可以单击"对象捕捉"工具栏中相应的特征点命令，再将光标移动到要捕捉的对象上的特征点附近，系统会

自动提示并捕捉到这些特征点。

② 对象捕捉快捷菜单。在需要指定点位置时，可以按住 Ctrl 键或 Shift 键，单击鼠标右键，弹出"对象捕捉"快捷菜单（图 2-59），从该菜单中也可以选择某一种特征点执行对象捕捉，将光标移动到要捕捉对象上的特征点附近，即可捕捉到这些特征点。

③ 自动对象捕捉。选择"草图设置"对话框中的"对象捕捉"选项卡，选中"启用对象捕捉追踪"复选框，可以启用自动对象捕捉功能（图 2-60）。

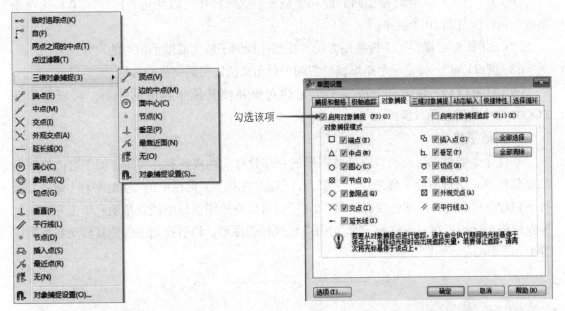

图2-58 "对象捕捉"工具栏

图2-59 "对象捕捉"快捷菜单    图2-60 在"对象捕捉"选项卡中选择启动对象捕捉

### 3. 正交绘图

正交绘图模式是指在执行命令的过程中，光标只能沿 $X$ 轴或 $Y$ 轴移动。设置正交绘图可以直接单击状态栏中"正交"按钮或按"F8"键，执行开启或关闭正交绘图功能。注意正交模式和极轴模式不能同时打开。

## 四、图形显示工具

AutoCAD 提供缩放、平移、视图、鸟瞰视图和视口命令等一系列图形显示控制命令，可以用来任意地放大、缩小或移动屏幕上的图形显示，或者同时从不同的角度、不同的部位来显示图形。

### 1. 图形缩放

图形缩放命令可以放大或缩小屏幕所显示的范围，执行图形缩放命令方法：单击"标准"工具栏中的"实时缩放"命令（图 2-61）。

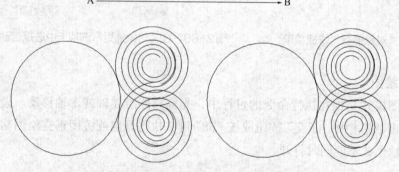

图2-61 "标准"工具栏

命令行提示中各选项的含义如下。

（1）实时。通过上下移动鼠标交替进行放大和缩小。

（2）全部（A）。所有图形都将被显示。

（3）中心（C）。通过确定中心点来定义新的显示窗口。

（4）动态（D）。通过操作一个表示视口的视图框，可以确定所需显示的区域。

（5）范围（E）。可以使图形缩放至整个显示范围。

（6）上一个（P）。有时希望回到前一个视图。这种操作可以使用"上一个（P）"选项来实现，可以恢复前10个视图。

（7）比例（S）。提供了3种使用方法，按照比例因子放大或缩小图形的尺寸。

（8）窗口（W）。确定一个矩形窗口的两个对角来指定所需缩放的区域。

（9）对象（O）。显示一个或多个选定的对象并使其位于视图的中心，可以在启动ZOOM命令前后选择对象。

**2. 图形平移**

平移命令能将在当前视口以外的图形的一部分移动进来查看并编辑，但不会改变图形的缩放比例。执行图形平移命令，主要为，单击"标准"工具栏中的"实时平移"命令。执行平移命令后，光标形状将变成一只"小手"，可以在绘图窗口中任意移动。单击并按住鼠标左键将光标锁定在当前位置，即"小手"已经抓住图形，然后拖动图形使其移动到所需位置上（图2-62）。

图2-62 平移命令将图形从A处移到B处

# 第三节　AutoCAD基本设置

## 一、设置绘图环境

使用 AutoCAD 在开始作图前，应当进行必要的配置来提高制图效率。

### 1. 图形单位

设置图形单位主要方法：选择菜单栏中的"格式"/"单位"命令。系统会打开"图形单位"对话框（图 2-63）。其中的各参数设置如下。

（1）"长度"选项组。指定测量长度的当前单位及当前单位的精度。

（2）"角度"选项组。指定测量角度的前单位、精度及旋转方向，默认方向为逆时针。

（3）"插入时的缩放单位"下拉列表框。控制使用工具选项板拖入当前图形的块的测量单位。

（4）"输出样例"选项组。设定显示当前输出的样例值。

（5）"光源"下拉列表框。指定光源强度的单位。

（6）"方向"按钮。显示"方向控制"对话框（图 2-64）。

图2-63 "图形单位"对话框

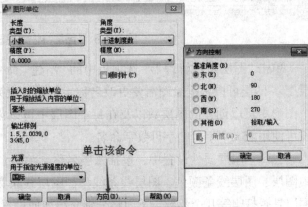

图2-64 "方向控制"对话框

### 2. 图形边界设置

设置图形界限主要方法为，选择菜单栏中的"格式"→"图形界限"命令。根据系统提示输入图形边界左下角和右上角的坐标后按 <Enter> 键。

（1）开（ON）。使绘图边界有效，在绘图边界以外拾取点视为无效。

（2）关（OFF）。使绘图边界无效，在绘图边界以外拾取点或实体。

（3）动态输入角点坐标。可以直接在屏幕上输入角点坐标，输入了横坐标值后，按下","键，接着输入纵坐标值，也可以在光标位置直接按下鼠标左键确定角点位置。

## 二、图层设置

每个 AutoCAD 图形对象都位于一个图层上，所有图形对象都具有图层、颜色、线型和线宽这 4 个基本属性，每个图层都有自己的名称。

二维码6

### 1. 建立新图层

新建的 AutoCAD 文档中只能自动创建一个名为 0 的特殊图层。默认情况下，图层 0 将被指定使用 7 号颜色、Continuous 线型、默认线宽、NORMAL 打印样式等。不能删除或重命名图层 0。通过创建新的图层，可以将类型相似的对象指定给同一个图层使其相关联。调用图层特性管理器命令的方法：选择菜单栏中"格式" /"图层"命令，系统弹出"图层特性管理器"选项板（图 2-65）。

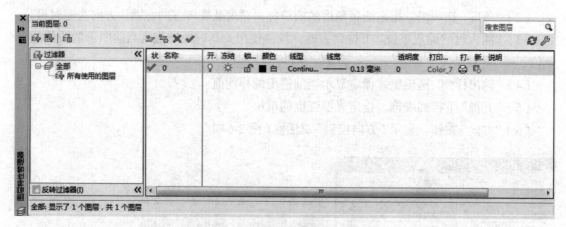

图 2-65  "图层特性管理器"选项板

单击"图层特性管理器"选项板中的"新建"命令，建立新图层，默认的图层名为"图层 1"。图层可以根据绘图需要更改名称。例如，改为实体层、中心线层或标准层等。在一个图形中可以创建的图层数以及在每个图层中可以创建的对象数实际上是无限的。图层最长可使用 255 个字符的字母数字命名。

在每个图层属性设置中，包括图层名称、关闭 / 打开图层、冻结 / 解冻图层、锁定 / 解锁图层、图层线条颜色、图层线条线型、图层线条宽度、图层透明度、图层打印样式以及图层是否打印等几个参数。下面将分别介绍如何设置这些图层参数。

（1）设置图层线条颜色。改变图层的颜色时，单击图层所对应的颜色图标，弹出"选择颜色"对话框，可以使用"索引颜色""真彩色"和"配色系统"3 个选项卡来选择颜色（图 2-66）。

（2）设置图层线型。单击图层所对应的线型图标，弹出"选择线型"对话框。在"已加载的线型"列表框中，系统中只添加了 Continuous 线型（图 2-67）。单击"加载"按钮，打

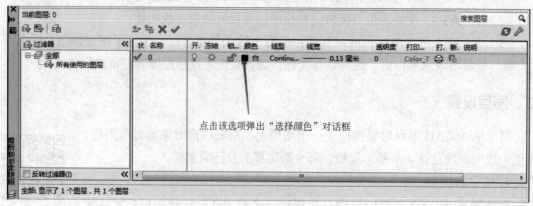

(a) 点击"选择颜色"图标

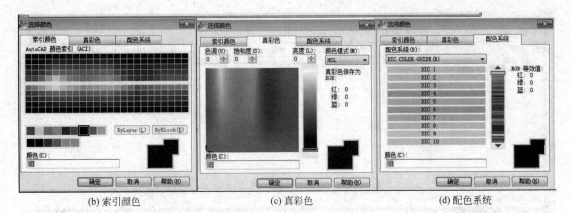

(b) 索引颜色           (c) 真彩色           (d) 配色系统

图2-66 "选择颜色"对话框

开"加载或重载线型"对话框，可以看到AutoCAD还提供了许多其他的线型，用鼠标选择所需线型，单击"确定"按钮，即可把该线型加载到"已加载的线型"列表框中，可以按住Ctrl键选择几种线型同时加载（图2-68）。

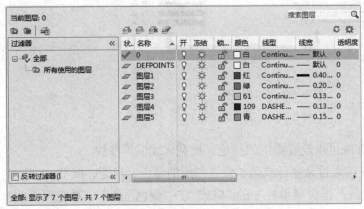 

(a) 单击对应图层                      (b) 选择线宽

图2-67 修改线型

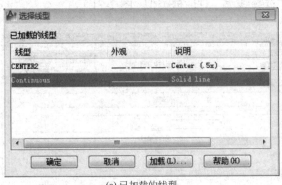 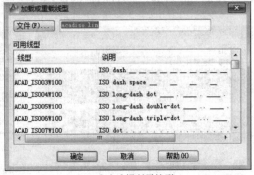

(a) 已加载的线型                  (b) 点击选择所需线型

图2-68 "加载或重载线型"对话框

（3）设置图层线宽。单击图层所对应的线宽图标，弹出"线宽"对话框。选择一个线宽，单击"确定"按钮完成对图层线宽的设置。图层线宽的默认值为0.25mm（图2-69）。

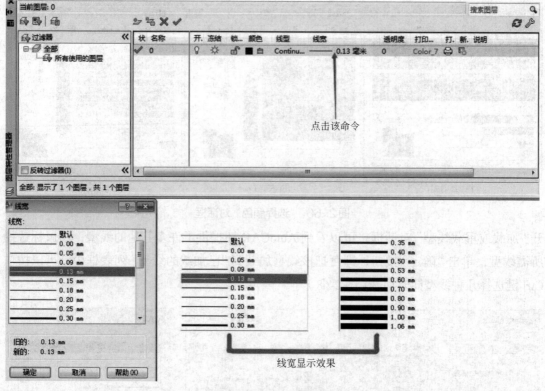

点击该命令

线宽显示效果

图2-69 选择线宽

## 2.设置图层

此外，还有其他几种简便方法可以设置图层的颜色、线宽、线型等参数。

（1）直接设置图层。可以直接通过命令行或菜单设置图层的颜色、线宽、线型。

① 调用颜色命令，主要方法：选择菜单栏中的"格式"→"颜色"命令，系统弹出"选择颜色"对话框（图2-70）。

② 调用线型命令，主要方法：选择菜单栏中的"格式"→"线型"命令，系统弹出"线型管理器"对话框，该对话框的使用方法与"选择线型"对话框类似（图2-71）。

图2-70 "选择颜色"对话框

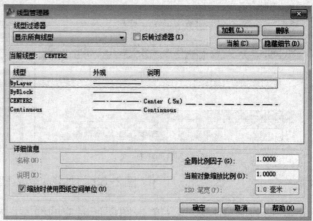

图2-71 "线型管理器"对话框

③ 调用线宽命令，主要方法：选择菜单栏中的"格式"→"线宽"命令，系统弹出"线宽设置"对话框，该对话框的使用方法与"线宽"对话框类似（图2-72）。

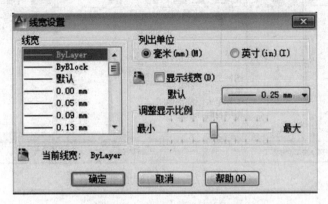

图2-72 "线宽设置"对话框

（2）利用"特性"工具栏设置图层。"特性"工具栏可以快速地查看和改变所选对象的图层、颜色、线型和线宽等特性。（图 2-73）。

图2-73 "特性"工具栏

（3）用"特性"选项板设置图层。调用特性命令，主要方法：选择菜单栏中的"修改"→"特性"命令，在系统弹出"特性"选项板中可以方便地设置或修改图层、颜色、线型、线宽等属性（图2-74）。

**3. 控制图层**

（1）切换当前图层。不同图形对象需要绘制在不同的图层中，打开"图层特性管理器"选项板，选择图层，单击"当前"命令即可完成设置。

（2）删除图层。在"图层特性管理器"选项板中的图层列表框中选择要删除的图层，单击"删除"按钮即可删除该图层。

（3）关闭 / 打开图层。在"图层特性管理器"选项板中单击"开 / 关图层"按钮，可以控制图层的可见性。

（4）冻结 / 解冻图层。在"图层特性管理器"选项板中单击"在所有视口中冻结 / 解冻"按钮，可以冻结图层或将图层解冻（图 2-75）。

（5）锁定 / 解锁图层。在"图层特性管理器"选项板中单击"锁定 / 解锁图层"按钮，可以锁定图层或将图层解锁。锁定图层后，该图层上的图形依然显示在屏幕上并可打印输出，可以在该图层上绘制新的图形对象，但用户不能对该图层上的图形进行编辑修改操作。

图2-74 "特性"选项板

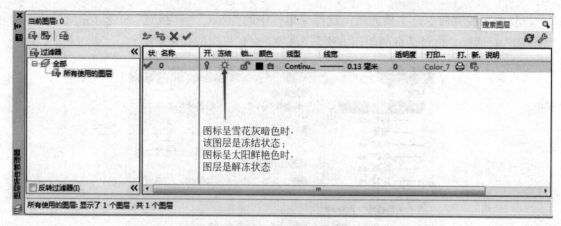

图2-75　冻结/解冻图层

（6）打印样式。能控制对象的打印特性，包括颜色、抖动、灰度、笔号、虚拟笔、淡显、线型、线宽、线条端点样式、线条连接样式和填充样式。

（7）打印/不打印。在"图层特性管理器"选项板中单击"打印/不打印"按钮，可以设置在打印时该图层是否打印。

（8）冻结新视口。控制在当前视口中图层的冻结和解冻，不解冻图形中设置为"关"或"冻结"的图层，对于模型空间视口不可用。

二维码7

**本章小结**

　　本章介绍了 AutoCAD 的基本操作方法，初学者需要彻底熟悉 AutoCAD 的操作界面与窗口布局状况，这是至关重要的。只有先了解软件的基本操作和界面布局，才能方便交流，正确领会各种教程和技巧，才能在操作时迅速找到目标功能，提高学习的兴趣和效率。

**课后练习题**

1. 正确设置操作界面，调用常用的工具栏。

2. 自由调节光标大小。

3. 了解 AutoCAD 的基本操作界面。

4. 熟练掌握 AutoCAD 的基本操作工具。

5. 尝试在 AutoCAD 中设置图层、线宽、颜色以及线型等。

6. 尝饰使用 AutoCAD 绘制一些基本图形。

# 第三章

# AutoCAD 工具命令详解

**学习难度：**★★★☆☆

**重点概念：**点、线、圆、平面图形、编辑、工具栏

**章节导读：**平面图形是由点、线、圆、圆弧、曲线等所组成的。要使用AutoCAD绘图，应当首先利用绘图工具绘制一些基本图形，再通过编辑工具修改、变化这些图形，使其达到适用于设计的图形。本章主要讲述直线、圆和圆弧、椭圆、椭圆弧、平面图形、点、多段线、样条曲线、多线等的绘图命令的使用方法。

## 第一节　绘制点操作技巧

点在 AutoCAD 中有多种不同的表达方式，可以根据需要来绘制，也可以设置等分点和测量点来绘制。

### 一、绘制点

点是最简单的图形单元，点用来标定某个特殊的坐标位置，或作为某个绘制的起点和基础。调用点主要方法：选择菜单栏中的"绘图"→"点"命令。在命令行提示后输入点的坐标，或使用鼠标在屏幕上进行单击，即可完成点的绘制。

菜单中单击"单点"命令，表示只输入一个点，"多点"命令表示可输入多个点（图 3-1）。点在图形中的表示样式共有 20 种。可选择"格式"→"点样式"命令，打开"点样式"对话框设置点样式（图 3-2）。

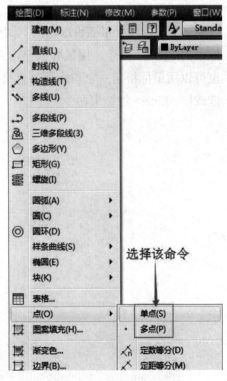

图3-1 "点"命令子菜单

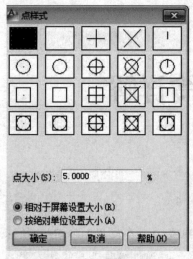

图3-2 "点样式"对话框

## 二、绘制定数等分点

绘制定数等分点是将某个线段或曲线按一定份数进行等分，方法：选择菜单栏中的"绘图"→"点"→"定数等分"命令。根据系统提示拾取要等分的对象，并输入等分数，创建等分点。

## 三、绘制定距等分点

绘制定距等分点能将某个线段或曲线以给定的长度为单元进行等分，方法：选择菜单栏中的"绘图"→"点"→"等距等分"命令。根据系统提示选择定距等分的实体，并指定分段长度。

# 第二节　绘制线

## 一、直线类命令

直线类命令主要包括直线和构造线命令。

### 1. 绘制直线段

直线是 AutoCAD 绘图中最简单、最基本的图形单元，直线在室内外设计制图中则常用于平面投影轮廓。调用直线命令主要方法：单击"绘图"工具栏中的"直线"命令，用鼠标指定点或给定点的坐标。再输入直线段的端点，也可以用鼠标指定一定角度后，直接输入直线的长度（图3-3），单击鼠标右键或按 <Enter> 键结束命令。

二维码8

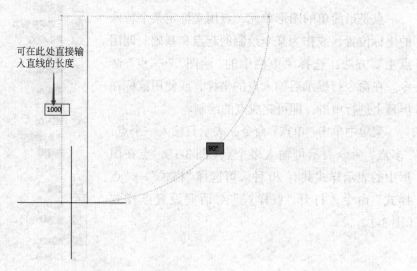

可在此处直接输入直线的长度

1000

90°

图3-3　绘制直线

使用直线命令绘制直线时，每一段直线都是一个独立的对象，可以进行单独的编辑操作。设置正交方式（按下状态栏中的"正交"命令），只能绘制水平或垂直线段。

### 2. 绘制构造线

构造线就是无穷长度的直线，构造线能作为辅助线，保证三视图之间的对齐关系。构造线的绘制方法有"指定点""水平""垂直""角度""二等分""偏移" 6 种方式。调用构造线命令，主要方法：单击"绘图"工具栏中的"构造线"命令。根据系统提示指定起点和通过点，绘制一条双向无限长直线。

二维码 9

## 二、多段线命令

### 1. 命令行

多段线是由线段和圆弧组合而成的、不同线宽的多线。调用多段线命令方法：单击"绘图"工具栏中的"多段线"命令。根据系统提示指定多段线的起点和下一个点。命令行提示中各选项的含义如下。

二维码 10

（1）圆弧。将绘制直线的方式转变为绘制圆弧的方式。

（2）半宽。用于指定多段线的半宽值，根据提示输入多段线的起点半宽值与终点半宽值。

（3）长度。用于指定下一条多段线的长度，按照上一条直线的方向绘制这一条多段线。如果上一段是圆弧，则将绘制与此圆弧相切的直线。

（4）宽度。设置多段线的宽度值。

### 2. 编辑多段线

调用编辑多段线命令，主要方法：选择要编辑的多线段，在绘图区域单击鼠标右键，从打开的快捷菜单中选择"编辑多段线"命令。根据系统提示选择一条要编辑的多段线，并根据需要输入其中的选项（图 3-4）。命令行提示中各选项的含义如下。

（1）合并（J）。将选中的多段线合并其他直线段、圆弧或多段线，使其成为一条多段线（图 3-5）。

（2）宽度（W）。修改整条多段线线宽，使其具有同一线宽（图 3-6）。

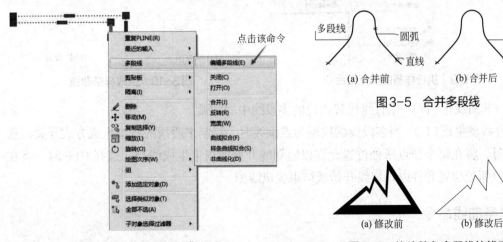

图3-4 "编辑多段线"命令

图3-5 合并多段线

图3-6 修改整条多段线的线宽

（3）编辑顶点（E）。在多段线起点处出现一个斜的十字交叉线"×"，它为当前顶点的标记，能进行移动、插入顶点，并修改任意两点间的线宽等操作。

（4）拟合（F）。从指定的多段线中生成光滑圆弧，连接成圆弧拟合曲线（图3-7），该曲线经过多段线的各顶点（图3-8）。

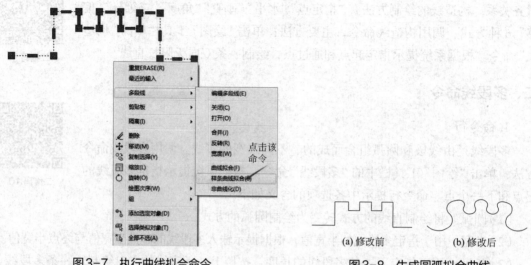

图3-7　执行曲线拟合命令 　　　　　　　　　　图3-8　生成圆弧拟合曲线

（5）样条曲线（S）。指定多段线的各顶点作为控制点生成样条曲线（图3-9、图3-10）。

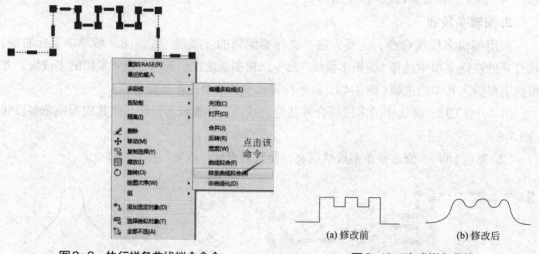

图3-9　执行样条曲线拟合命令 　　　　　　　图3-10　生成样条曲线

（6）非曲线化（D）。用直线代替指定的多段线中的圆弧。

（7）线型生成（L）。当多段线的线型为点画线时，控制多段线的线型生成方式开关。选择 ON 时，将在每个顶点所处位置允许以短划线开始或结束生成线型；选择 OFF 时，将在每个顶点所处位置允许以长划线开始或结束生成线型。

## 三、样条曲线命令

样条曲线在控制点之间产生一条光滑的样条曲线，样条曲线可用于创建形状不规则的曲线（图3-11）。

图3-11　样条曲线

### 1.绘制样条曲线

使用样条曲线命令可生成拟合光滑曲线，可以通过起点、控制点、终点及偏差变量来控制曲线，一般用于绘制大样图。绘制样条曲线主要方法：单击"绘图"工具栏中的"样条曲线"命令，在绘图区域依次指定所需位置的点即可创建出样条曲线。绘制样条曲线的各选项含义如下。

二维码 11

（1）方式（M）。控制是使用拟合点还是使用控制点来创建样条曲线（图3-12、图3-13）。

图3-12　输入 m

| 输入样条曲线创建方式 |
| --- |
| ● 拟合(F) |
| 控制点(CV) |

图3-13　选择样条曲线创建方式

（2）节点（K）。指定节点参数化，会影响曲线在通过拟合点时的形状（图3-14、图3-15）。

图3-14　输入 k

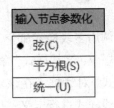

图3-15　选择节点参数化

（3）对象（O）。将二维或三维的二次或三次样条曲线拟合多段线转换为等价的样条曲线，然后删除该多段线。

（4）起点切向（T）。定义样条曲线的第一点和最后一点的切向。

（5）端点相切（T）。停止基于切向创建曲线。

（6）公差（L）。指定距样条曲线必须经过的指定拟合点的距离。

（7）闭合（C）。将最后一点定义与第一点一致，并使其在连接处相切，以闭合样条曲线。

### 2.编辑样条曲线

调用编辑样条曲线命令，主要方法：选择要编辑的样条曲线，在绘图区域单击鼠标右键，从打开的快捷菜单中选择"编辑样条曲线"命令。根据系统提示选择要编辑的样条曲线。如果选择的样条曲线是用 SPLINE 命令创建的，其近似点以夹点的颜色显示出来；如果选择的样条曲线是用 PLINE 命令创建的，其控制点以夹点的颜色显示出来。命令行提示中各选项的含义如下。

（1）拟合数据（F）。编辑近似数据，创建该样条曲线时指定的各点将以小方格的形式显示出来。

（2）移动顶点（M）。移动样条曲线上的当前点。

（3）精度（R）。调整样条曲线的定义精度。

（4）反转（E）。翻转样条曲线的方向，该项操作主要用于应用程序。

## 四、多线命令

多线是一种复合线，由连续的直线线段复合组成。多线能够提高绘图效率，保证图线之间的统一性。

### 1.绘制多线

调用多线主要方法：选择菜单栏中的"绘图"→"多线"命令，根据系统提示指定起点和下一点，单击鼠标右键或按 <Enter> 键结束命令。命令行提示中各主要选项的含义如下。

（1）对正（J）。该选项用于指定绘制多线基准，共有 3 种对正类型，即"上""无""下"，其中"上"表示以多线上侧的线为基准，其他两项依此类推。

（2）比例（S）。选择该选项，要求用户设置平行线的间距。输入值为零时，平行线重合；输入值为负时，多线的排列倒置。

（3）样式（ST）。用于设置当前使用的多线样式。

### 2.定义多线样式

使用多线命令绘制多线时，应对多线的样式进行设置，调用多线样式命令，主要方法：选择"格式"/"多线样式"命令。系统弹出"多线样式"对话框。在该对话框中，用户以对多线样式进行定义、保存和加载等操作（图 3-16）。

### 3.编辑多线

利用编辑多线命令，可以创建和修改多线样式。调用编辑多线命令主要方法：选择"修改"/"对象"/"多线"命令。弹出"多线编辑工具"对话框（图 3-17），这时可以创建或修改多线的模式。对话框中分 4 列显示了比例图形。第一列管理十字交叉形式的多线，第二列管理 T 形多线，第三列管理拐角接合点和节点形式的

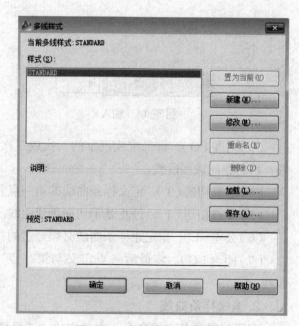

图3-16 "多线样式"对话框

多样，第四列管理多线被剪切或连接的形式。单击选择某个示例图形，然后单击"关闭"按钮，就可以调用该项编辑功能。

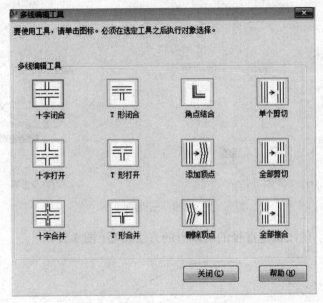

图3-17 "多线编辑工具"对话框

# 第三节 绘制圆

圆类命令主要包括"圆""圆弧""椭圆""椭圆弧""圆环"等命令。

## 一、圆和圆弧

### 1. 绘制圆

圆是最简单的封闭曲线，也是在绘制工程图形时经常用的图形单元。调用圆命令主要方法：单击"绘图"工具栏中的"圆"命令。根据系统提示指定圆心位置，输入直径数值或用鼠标指定直径长度（图3-18）。

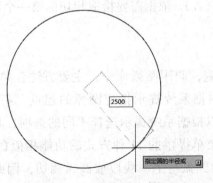

图3-18 指定圆的半径

使用圆命令时，命令行提示中各选项的含义如下。

（1）三点（3P）。使用指定圆周上三点方法画圆（图 3-19）。

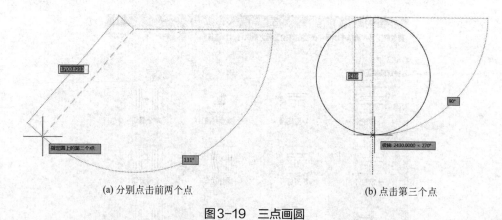

(a) 分别点击前两个点　　　　　　　(b) 点击第三个点

图3-19　三点画圆

（2）两点（2P）。使用指定直径的两端点的方法画圆（图 3-20）。

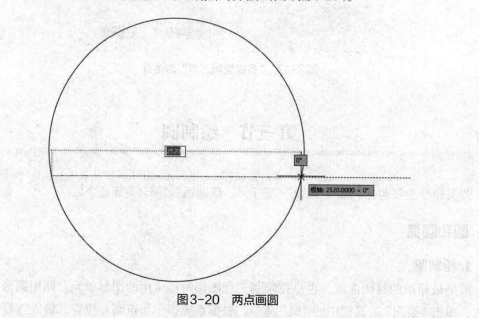

图3-20　两点画圆

（3）切点、切点、半径（T）。使用先指定两个相切对象后给出半径的方法画圆。

（4）相切、相切、相切（A）。依据需要拾取相切的第一个圆弧、第二个圆弧和第三个圆弧。

## 2. 绘制圆弧

圆弧的使用比圆更普遍，调用圆弧命令，主要方法：单击"绘图"工具栏中的"圆弧"命令，根据系统提示指定圆弧的起点、第二点和端点。用命令行方式画圆弧，可以根据系统提示选择不同的选项，具体功能与用"绘制"菜单中"圆弧"子菜单提供的 11 种方式的功能相似（图 3-21）。其中"继续"方式，其绘制的圆弧与上一线段或圆弧相切，因此只需提供端点即可。

二维码 12

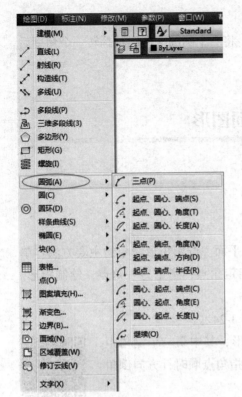

图 3-21　圆弧子菜单

## 二、圆环和椭圆

### 1. 绘制圆环

调用圆环命令，主要方法：选择菜单栏中的"绘图"→"圆环"命令，指定圆环内径和外径，再指定圆环的中心点，按 <Enter> 键、空格键或单击鼠标右键，结束命令。如果指定内径为零，则画出实心填充圆。用命令 FILL 可以控制圆环是否填充，可以选择"开"表示填充，选择"关"表示不填充（图 3-22）。

### 2. 绘制椭圆

椭圆是一种典型的封闭曲线图形，用于室内外设计单元中的浴盆、桌子等造型绘制（图 3-23）。调用椭圆命令，主要方法：单击"绘图"工具栏中

二维码 13　　　　二维码 14

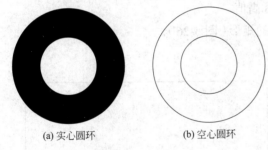

(a) 实心圆环　　　　(b) 空心圆环

图 3-22　圆环

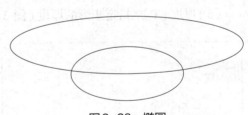

图 3-23　椭圆

的"椭圆"命令，根据系统提示指定轴端点和另一个轴端点。命令行提示中各选项的含义如下。

（1）指定椭圆的轴端点。根据两个端点定义椭圆的第一条轴，第一条轴的角度确定了整个椭圆的角度。

（2）圆弧（A）。用于创建一段椭圆弧，与单击"绘图"工具栏中的"椭圆弧"命令功能相同。其中第一条轴的角度确定了椭圆弧的角度。

二维码 15

（3）起始角度。指定椭圆弧端点，光标与椭圆中心点连线的夹角为椭圆端点位置的角度。

（4）参数（P）。指定椭圆弧端点，同样也是指定椭圆弧端点的角度。

（5）包含角度（I）。定义从起始角度开始的包含角度。

（6）中心点（C）。通过指定中心点创建椭圆。

（7）旋转（R）。通过绕第一条轴旋转来创建椭圆，将一个圆围绕椭圆轴翻转一个角度后的投影视图。

# 第四节　绘制平面图形

简单的平面图形命令包括矩形和正多边形命令。

## 一、矩形命令

矩形是最简单的封闭直线图形，常用来表达墙体平面。调用矩形命令的主要方法：单击"绘图"工具栏中的"矩形"命令，根据系统提示指定角点，指定另一角点，绘制矩形。命令行提示中各选项的含义如下。

（1）第一个角点。通过指定两个角点确定矩形（图 3-24）。

（2）倒角（C）。指定倒角距离，绘制带倒角的矩形，其中第一个倒角距离是指角点逆时针方向倒角距离，第二个倒角距离是指角点顺时针方向倒角距离（图 3-25）。

二维码 16

（3）标高（E）。指定矩形标高（Z 坐标），即将矩形旋转在标高为 Z 并与 *XOY* 坐标面平行的平面上，并作为后续矩形的标高值。

（4）圆角（F）。指定圆角半径，绘制带圆角的矩形（图 3-26）。

（5）厚度（T）。指定矩形的厚度（图 3-27）。

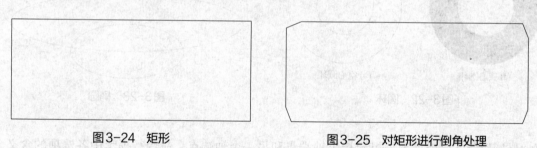

图3-24　矩形　　　　　　　　　　图3-25　对矩形进行倒角处理

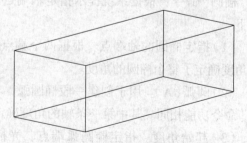

图3-26　对矩形进行倒圆角处理　　　　　图3-27　矩形增加厚度

（6）宽度（W）。指定线宽（图 3-28）。

（7）面积（A）。指定面积和长或宽来创建矩形。操作如下。

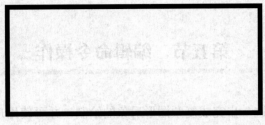

图3-28 线宽

① 在命令行提示"输入以当前单位计算的矩形面积 < 40.0000 >："后输入面积值。

② 在命令行提示"计算矩形标注时依据 [ 长度（L）/ 宽度（W）] < 长度 >："后按 <Ente> 键或输入"W"。

③ 在命令行提示"输入矩形长度 < 8.0000 >："后指定长度或宽度。

④ 指定长度或宽度后，系统自动计算另一个维度，绘制出矩形。如果矩形被倒角或圆角，则长度或面积计算中也会考虑此设置。

（8）尺寸（D）。使用长和宽来创建矩形，第二个指定点将矩形定位在与第一角点相关的 4 个位置之一内。

（9）旋转（R）。使所绘制的矩形旋转一定角度。选择该项，操作如下：

① 在命令行提示"指定旋转角度或 [ 拾取点（P）] < 45 >："后指定角度。

② 在命令行提示"指定另一角点或 [ 面积（A）/ 尺寸（D）/（旋转（R）]："后指定另一个角点或选择其他选项。

③ 指定旋转角度后，系统按指定角度创建矩形。

## 二、正多边形命令

正多边形是相对复杂的一种平面图形，调用正多边形命令的主要方法：单击"绘图"工具栏中的"多边形"命令，根据系统提示，指定多边形的边数和中心点，之后指定内接于圆或外切于圆，输入外接圆或内切圆的半径。提示行中各选项的含义如下。

（1）边（E）。选择该选项，指定多边形的一条边，系统会按逆时针方向创建该正多边形。

（2）内接于圆（I）。选择该选项，绘制的多边形内接于圆（图 3-29）。

（3）外切于圆（C）。选择该选项，绘制的多边形外切于圆（图 3-30）。

二维码 17

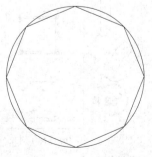

图3-29　内接于圆

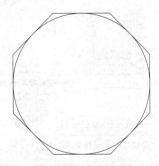

图3-30　外切于圆

# 第五节 编辑命令操作

二维图形编辑可以进一步完成复杂图形对象的绘制，并可使用户合理安排和组织图形，保证绘图准确，减少重复。

## 一、选择、编辑对象

### 1. 选择对象

选择对象是进行编辑的前提，可以采取点取方法、用选择窗口选择对象、用对话框选择对象等。可以将多个对象组成整体，如选择集和对象组，进行整体编辑与修改。有两种执行效果相同的途径编辑图形：先执行编辑命令，然后选择要编辑的对象；先选择要编辑的对象，然后执行编辑命令。

（1）构造选择集。位于某一特定层上的具有某种特定颜色的一组对象。选择集的构造可以在调用编辑命令之前或之后进行。主要方法：用点选设备选择对象，然后调用编辑命令。

下面结合 SELECT 命令说明选择对象的方法。

SELECT 命令可以单独使用，即在命令行中输入 "SELECT" 后按 <Enter> 键，也可以在执行其他编辑命令时被自动调用。

① 点。用鼠标或键盘移动拾取框，使其框住要选取的对象，然后单击鼠标左键，就会选中该对象并高亮显示。该点的选定也可以使用键盘输入一个点坐标值来实现。可以选择"工具"→"选项"命令打开"选项"对话框设置拾取框的大小。在"选项"对话框中选择"选择"选项卡，移动"拾取框大小"选项组滑块可以调整拾取框的大小。左侧空白区中会显示相应的拾取框的尺寸大小。

② 窗口（W）。用由两个对角顶点确定的矩形窗口选取位于其范围内部的所有图形，与边界相交的对象不会被选中。在"选择对象："提示下输入"W"，按 <Enter> 键，选择该选项后，输入矩形窗口的第一个对角点的位置和另一个对角点的位置。指定两个对角顶点后，位于矩形窗口内部的所有图形被选中，并高亮显示（图3-31）。

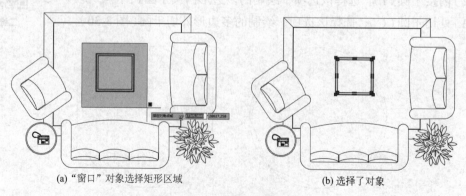

(a)"窗口"对象选择矩形区域　　　　(b)选择了对象

**图3-31 "窗口"对象选择方式**

③ 上一个（L）。在"选择对象："提示下输入"L"后按 <Enter> 键，系统会自动选取最后给出的一个对象。

④ 窗交（C）。该方式与上述"窗口"方式类似，区别在于它不但选择矩形窗口内部的对象，也选中与矩形窗口边界相交的对象。在"选择对象："提示下输入"C"，按 <Enter> 键，选择该选项后，输入矩形窗口的第一个对角点的位置和另一个对角点的位置即可（图 3-32）。

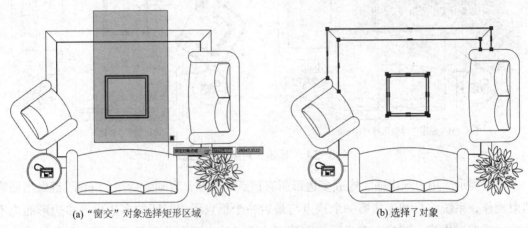

(a) "窗交"对象选择矩形区域　　　　　　(b) 选择了对象

图 3-32 "窗交"对象选择方式

⑤ 框选（BOX）。该方式没有命令缩写字。使用时，系统根据用户在屏幕上给出的两个对角点的位置自动引用"窗口"或"窗交"选择方式。若从左向右指定对角点，为"窗口"方式；反之，为"窗交"方式。

⑥ 全部（ALL）。选取图面上所有对象。在"选择对象："提示下输入"ALL"，按 <Enter> 键。此时，绘图区域内的所有对象均被选中。

⑦ 栏选（F）。用户临时绘制一些直线，这些直线不必构成封闭图形，凡是与这些直线相交的对象均被选中。这种方式对选择相距较远的对象比较有效。交线可以穿过本身。在"选择对象："提示下输入"F"，按 <Enter> 键，选择该选项后，选择指定交线的第一点、第二点和下一条交线的端点。选择完毕，按 <Enter> 键结束（图 3-33）。

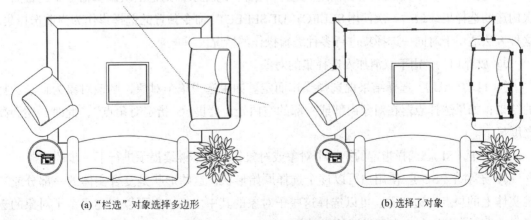

(a) "栏选"对象选择多边形　　　　　　(b) 选择了对象

图 3-33 "栏选"对象选择方式

⑧ 圈围（WP）。使用一个不规则的多边形来选择对象。在"选择对象："提示下输入"WP"，选择该选项后，输入不规则多边形的第一个顶点坐标和第二个顶点坐标后按<Enter>键（图3-34）。

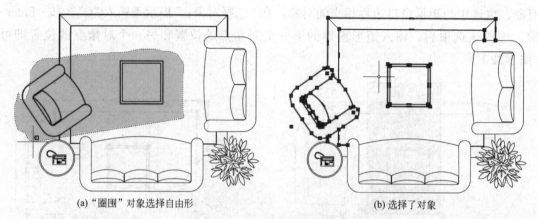

(a) "圈围"对象选择自由形　　　　　　　　(b) 选择了对象

**图3-34　"圈围"对象选择方式**

根据提示，用户顺次输入构成多边形所有顶点的坐标，直到最后按【Enter】键做出回答结束操作，系统将自动连接第一个顶点与最后一个顶点形成封闭的多边形。多边形的边不能接触或穿过本身。若输入"U"，将取消刚才定义的坐标点并且重新指定。凡是被多边形围住的对象均被选中（不包括边界）。

⑨ 圈交（CP）。类似于"圈围"方式，在"选择对象："提示后输入"CP"，后续操作与"圈围"方式相同。区别在于与多边形边界相交的对象也被选中。

⑩ 编组（G）。使用预先定义的对象组作为选择集。可以将若干个对象组成对象组，用组名引用。

⑪ 添加（A）。添加下一个对象到选择集。可用于从移走模式到选择模式的切换。

⑫ 删除（R）。按住【Shift】键选择对象，可以从当前选择集中移走该对象。对象由高亮度显示状态变为正常显示状态。

⑬ 多个（M）。指定多个点，不高亮度显示对象。

⑭ 上一个（P）。用关键字P回应"选择对象："的提示，则把上次编辑命令中的最后一次构造的选择集或最后一次使用SELECT（DDSELECT）命令预置的选择集作为当前选择集。这种方法适用于对同一选择集进行多种编辑操作的情况。

⑮ 放弃（U）。用于取消加入选择集的对象。

⑯ 自动（AU）。选择结果视选择操作而定。如果选中单个对象，则该对象为自动选择的结果；如果选择点落在对象内部或外部的空白处，会提示"指定对角点"，此时，还会高亮度显示。

⑰ 单选（SI）。选择指定的第一个对象或对象集，而不继续提示进行下一步的选择。

⑱ 子对象（SU）。使用户可以逐个选择原始形状，这些形状是复合实体的一部分或三维实体上的顶点、边和面。可以选择这些子对象的其中之一，也可以创建多个子对象的选择集。选择集可以包含多种类型的子对象。

⑲ 对象（O）。结束选择子对象的功能。使用户可以使用对象选择方法。

⑳ 单个（SI）。选择指定的第一个对象或对象集，而不继续提示进行下一步的选择。

㉑ 快速选择。有时需要选择具有某些共同属性的对象来构造选择集，如选择具有相同颜色、线型或线宽的对象（图3-35）。

调用快速选择命令主要方法：单击右键快捷菜单中选择"快速选择"命令或在"特性"选项板中单击"快速选择"命令（图3-36、图3-37）。

执行上述命令后，系统打开"快速选择"对话框，在该对话框中可以选择符合条件的对象或对象组。

（2）构造对象组。对象组与选择集并没有本质的区别，为了简捷，可以给这个选择集命名并保存起来，这个命名了的对象选择集就是对象组，它的名字称为组名。

**2. 编辑对象**

在对图形进行编辑时，还可以对图形对象本身的特性进行编辑，从而方便图形绘制。

（1）钳夹功能。利用图形对象上的夹点

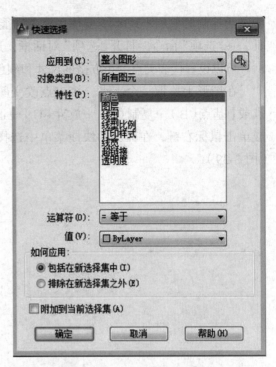

图3-35 "快速选择"对话框

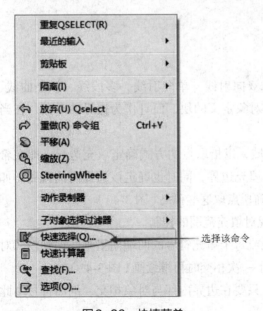

图3-36 快捷菜单

图3-37 "特性"选项板

能灵活控制对象（图3-38）。要使用钳夹功能，必须先打开钳夹功能，打开方法：选择"工具"→"选项"命令，打开"选项"对话框，选择"选择集"选项卡，选中"启用夹点"复选框。可以设置代表夹点的小方格的尺寸和颜色。

在图形上拾取一个夹点，该夹点改变颜色，此点为夹点编辑的基准夹点。指定拉伸点或【基点（B）→复制（C）→放弃（U）→退出（X）】。在拉伸编辑提示下输入移动命令，或单击鼠标右键，在弹出的快捷菜单中选择"移动"命令，系统就会转换为"移动"操作（图3-39）。

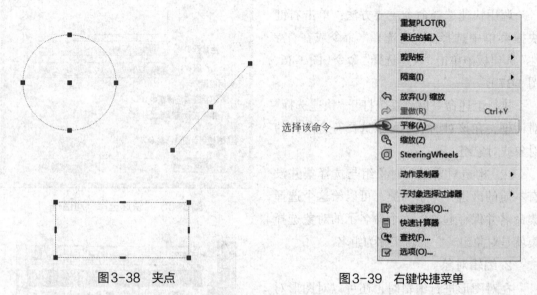

图3-38　夹点　　　　　　　　　　图3-39　右键快捷菜单

（2）修改对象属性。主要通过"特性"选项板进行，单击"标准"工具栏中的"特性"命令，打开"特性"选项板。可以方便地设置或修改对象的各种属性。

## 二、图案填充

图案填充是指采用重复图案填充某个区域。

### 1. 基本概念

（1）图案边界。边界的对象只能是直线、双向射线、单向射线、多段线、样条曲线、圆弧、圆、椭圆、椭圆弧、面域等，或用这些对象定义的块，而且作为边界的对象，在当前屏幕上必须全部可见。

（2）孤岛。是指位于总填充域内的封闭区域，以拾取点的方式确定填充边界，即在希望填充的区域内任意拾取一点，能自动确定出填充边界，同时也确定该边界内的孤岛。如果以点选取对象的方式确定填充边界，则必须确切点取这些孤岛（图3-40）。

（3）填充方式。主要有3种填充方式，实现对填充范围的控制。

① 普通方式。从边界开始，由每条填充线或每个填充符号的两端向里画，遇到内部对象与之相交时，填充线或符号断开，直到遇到下一次相交时再继续画（图3-41）。

② 最外层方式。从边界向里画剖面符号，只要在边界内部与对象相交，剖面符号由此断开，而不再继续画（图3-42）。

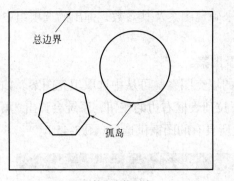

(a) 以拾取点的方式　　　　　　　(b) 以点选取对象的方式

图3-40　孤岛

③ 忽略方式。忽略边界内的对象，所有内部结构都被剖面符号覆盖（图3-43）。

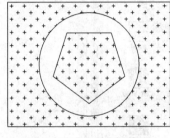
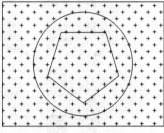

图3-41　普通方式填充　　　图3-42　最外层方式填充　　　图3-43　忽略方式填充

### 2.图案填充的操作

图案填充是在"图案填充和渐变色"对话框中进行的（图3-44）。打开"图案填充和渐变色"对话框主要方法为，单击"绘图"工具栏中的"图案填充"命令或"渐变色"命令。打开"图案填充和渐变色"对话框后，各选项组和命令的含义如下。

图3-44　"图案填充和渐变色"对话框

（1）"图案填充"选项卡。各选项用来确定图案及其参数，弹出的选项组中各选项的含义如下。

① 类型。用于确定填充图案的类型及图案。

② 图案。用于确定标准图案文件中的填充图案，可从中选取填充图案。如果选择的图案类型是"其他预定义"，单击"图案"下拉列表框右边的按钮，系统会弹出"填充图案选项板"对话框，该对话框中显示出所选类型所具有的图案供选择（图3-45）。

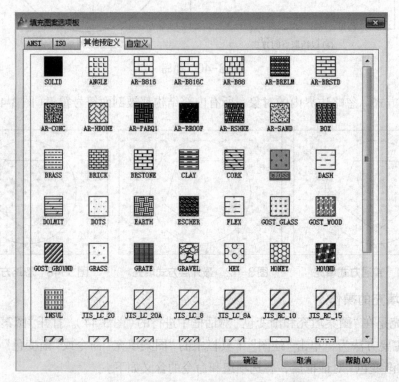

图3-45　图案列表

③ 样例。在其右面有一方形图像框，显示出当前所选用的填充图案。

④ 自定义图案。用于选取自定义的填充图案，只有在"类型"下拉列表框中选用"自定义"选项后，该项才以正常亮度显示，可以从自己定义的图案文件中选取填充图案。

⑤ 角度。用于确定填充图案时的旋转角度，每种图案在定义时的旋转角度为零，可在"角度"文本框内输入所希望的旋转角度。

⑥ 比例。用于确定填充图案的比例值，每种图案在定义时的初始比例为1，可以根据需要输入相应的比例值。

⑦ 双向。用于确定填充线是一组平行线，还是相互垂直的两组平行线。只有当在"类型"下拉列表框中选择"用户定义"选项时，该项才可以使用。

⑧ 相对图纸空间。确定是否相对于图纸空间单位确定填充图案的比例值，可以按适合于版面布局的比例方便地显示填充图案，该选项仅适用于图形版面编排。

⑨ 间距。用于指定线之间的间距，在"间距"文本框内输入值即可，只有当在"类型"下拉列表框中选择"用户定义"选项时，该项才可以使用。

⑩ ISO 笔宽。用于选择的笔宽，只有选择了已定义的 ISO 填充图案后，才可确定它的内容。

⑪ 图案填充原点。用于控制填充图案生成的起始位置，在默认情况下，所有图案填充原点都对应于当前的 UCS 原点。

（2）"渐变色"选项卡。渐变色是指从一种颜色到另一种颜色的平滑过渡，能产生光的效果，可为图形添加视觉效果（图 3-46），其中各选项的含义如下。

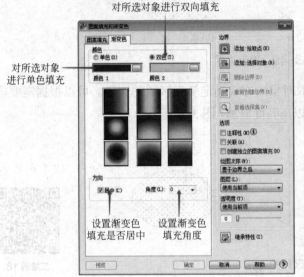

图 3-46 "渐变色"对话框

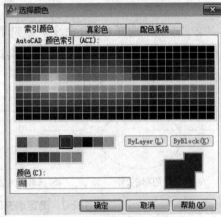

图 3-47 "选择颜色"对话框

① "单色"单选按钮。应用所选择的单色对所选择的对象进行渐变填充，单击右边的小方钮，系统将打开"选择颜色"对话框（图 3-47）。

② "双色"单选按钮。应用双色对所选择的对象进行渐变填充，填充颜色将从颜色 1 渐变到颜色 2。

③ "渐变方式"样板。在"渐变色"选项卡的下方有 9 个"渐变方式"样板，可以选择不同的渐变方式。

④ "居中"复选框。选择渐变填充是否居中。

⑤ "角度"下拉列表框。选择渐变色倾斜的角度（图 3-48）。

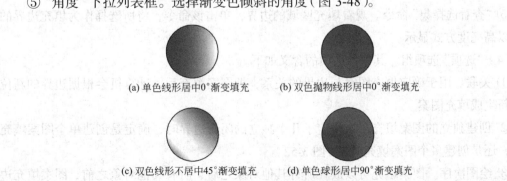

图 3-48 不同的渐变色填充

（3）"边界"选项组，其中各选项的含义如下。

①"添加：拾取点"命令。在填充的区域内任意点取一点，计算机自动确定出包围该点的封闭填充边界（图3-49）。

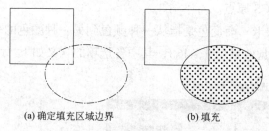

(a) 确定填充区域边界    (b) 填充

图3-49　确定边界

②"添加：选择对象"命令。以选取对象的方式确定填充区域的边界。可以根据需要选取构成区域的边界，被选择的边界也会以高亮度显示（图3-50）。

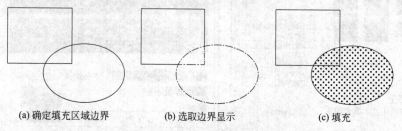

(a) 确定填充区域边界    (b) 选取边界显示    (c) 填充

图3-50　确定填充区域的边界

二维码18

③"删除边界"命令。从边界定义中删除以前添加的任何对象（图3-51）。

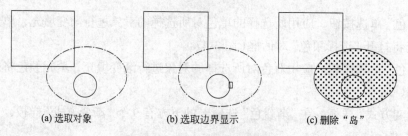

(a) 选取对象    (b) 选取边界显示    (c) 删除"岛"

图3-51　删除"岛"后的边界

④"重新创建边界"命令。选定图案填充或填充对象创建多段线或面域。

⑤"查看选择集"命令。观看填充区域的边界，单击该命令，将所选择作为填充边界的对象以高亮度方式显示。

（4）"选项"选项组。其中各选项的含义如下。

①关联。用于确定填充图案与边界的关系，即图案填充后，计算机会根据边界的新位置重新生成填充图案。

②创建独立的图案填充。当指定了几个独立的闭合边界时，确定是创建单个图案填充对象，还是创建多个图案填充对象（图3-52）。

③绘图次序。图案填充可以放在所有其他对象之后、所有其他对象之前、图案填充边界之后或图案填充边界之前。

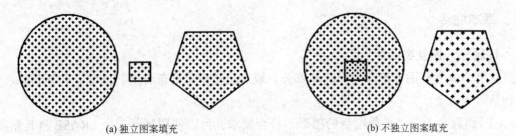

(a) 独立图案填充　　　　　　　　　　　　　　　　(b) 不独立图案填充

图3-52　"独立"与"不独立"

④ 继承特性。选用图中已有的填充图案作为当前的填充图案。

（5）"孤岛"选项组，其中各选项的含义如下。

① 孤岛显示样式。用于确定图案的填充方式，可以从中选取所要的填充方式。

② 孤岛检测。该选项用于确定是否检测孤岛。

（6）边界保留。指定是否将边界保留为对象，并确定这些对象是多段线还是面域。

（7）边界集。此选项组用于定义边界集，计算机会根据用户指定的边界集中的对象来构造封闭的边界。

（8）允许的间隙。设置将对象用作图案填充边界时，可以忽略的最大间隙。默认值为0，此值指定对象必须封闭区域而没有间隙。

（9）继承选项。使用"继承特性"创建图案填充时，控制图案填充原点的位置。

### 3. 编辑填充的图案

在对图形对象以图案进行填充后，还可以对填充图案进行编辑，主要方法：选择菜单栏中的"修改"→"对象"→"图案填充"命令。根据系统提示选取关联填充物体后，系统弹出"图案填充"对话框（图3-53）。该对话框中各项的含义与"图案填充和渐变色"对话框中各项的含义相同。利用该对话框，可以对已弹出的图案进行一系列编辑、修改。

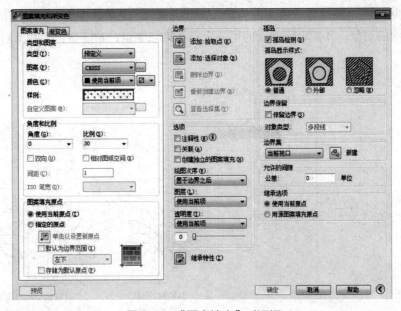

图3-53　"图案填充"对话框

## 三、基本命令

### 1. 删除、恢复类命令

这类命令主要用于删除图形的某部分，或对已被删除的部分进行恢复，包括删除、恢复和清除等命令。

（1）删除命令。如果所绘制的图形不符合要求，可以使用删除命令 ERASE 将其删除。调用删除命令主要方法：单击"修改"工具栏中的"删除"命令。可以先选择对象后调用删除命令，也可以先调用删除命令后选择对象。

（2）恢复命令。如果误删除了图形，调用恢复命令，主要方法：快捷键 <Ctrl+Z>。

（3）清除命令。此命令与删除命令的功能完全相同，主要方法：快捷键 <Delete>。

### 2. 复制类命令

利用复制类命令，可以方便地编辑绘制图形。

（1）复制命令。使用复制命令可以将一个或多个图形对象复制到指定位置，调用复制命令，主要方法：单击"修改"工具栏中的"复制"命令。将提示选择要复制的对象，按 <Enter> 键结束选择操作。命令行提示中各选项的含义如下。

① 指定基点。指定一个坐标点后，将该点作为复制对象的基点，并提示指定第二个点。指定第二个点后，计算机将根据这两点确定的位移矢量把选择的对象复制到第二点处。这时可以不断指定新的第二点，从而实现多重复制。

② 位移。直接输入位移值，以选择对象时的拾取点为基准，以拾取点坐标为移动方向，指定位移后确定的点为基点。

③ 模式。控制是否自动重复该命令，计算机提示输入复制模式选项，可以设置复制模式是单个或多个。

（2）镜像命令。是将选择对象以一条镜像线为对称轴进行镜像，可以保留源对象，也可以将其删除，调用镜像命令的主要方法：单击"修改"工具栏中的"镜像"命令，系统提示选择要镜像的对象，并指定镜像线的第一个点和第二个点，确定是否删除源对象（图3-54、图3-55）。

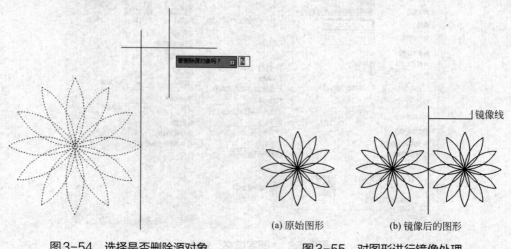

图3-54　选择是否删除源对象　　　　图3-55　对图形进行镜像处理

（3）偏移命令。偏移对象是指保持选择的对象的形状，在不同的位置以不同尺寸新建一个对象。调用偏移命：主要方法：单击"修改"工具栏中的"偏移"命令，将提示指定偏移距离或选择选项，选择要偏移的对象并指定偏移方向。命令行提示中各选项的含义如下。

① 指定偏移距离。输入一个距离值，或按 <Enter> 键使用当前的距离值，计算机将该距离值作为偏移距离（图 3-56）。

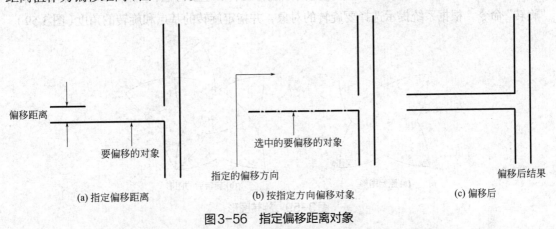

(a) 指定偏移距离　　　　(b) 按指定方向偏移对象　　　　(c) 偏移后

图3-56　指定偏移距离对象

② 通过（T）。指定偏移的通过点，选择要偏移的对象后按 <Enter> 键，并指定偏移对象的一个通过点。操作完毕后，系统根据指定通过点给出偏移对象。

③ 删除（E）。偏移后，将源对象删除。

④ 图层。确定将偏移对象创建在当前图层上还是源对象所在的图层上，选择该选项后输入偏移对象的图层选项，操作完毕后，计算机根据指定图层绘出偏移对象。

（4）阵列命令。指多重复制选择对象并把这些副本按矩形或环形排列，调用阵列命令主要方法：单击"修改"工具栏中的"阵列"的命令，根据系统提示选择对象，按 <Enter> 键结束选择后输入阵列类型，在命令行提示下选择路径曲线或输入行列数（图 3-57、图 3-58）。

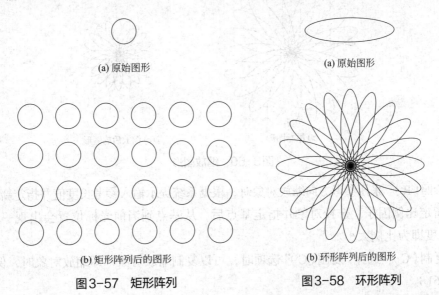

(a) 原始图形　　　　　　　　　　　　　(a) 原始图形

(b) 矩形阵列后的图形　　　　　　　　(b) 环形阵列后的图形

图3-57　矩形阵列　　　　　　　图3-58　环形阵列

### 3. 改变位置类命令

改变位置类命令是按照指定要求改变当前图形的位置，主要包括移动、旋转和缩放等命令。

（1）移动命令。可以将图形从当前位置移动到新位置，主要方法：单击"修改"工具栏中的"移动"命令，根据系统提示选择对象，按 <Enter> 键结束选择。

（2）旋转命令。可以将图形围绕指定的点进行旋转，主要方法：单击"修改"工具栏中的"旋转"命令，根据系统提示选择要旋转的对象，并指定旋转的基点和旋转的角度（图 3-59）。

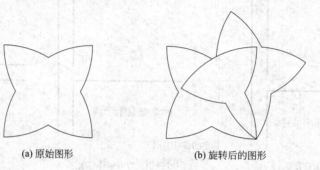

(a) 原始图形　　　　　　　　　(b) 旋转后的图形

图3-59　旋转图形

在执行旋转命令的过程中，命令行提示中各主要选项的含义如下。

① 复制（C）。选择该选项，旋转对象的同时，保留原对象。

② 参照（R）。采用参考方式旋转对象时，根据系统提示指定角度，对象被旋转至指定的角度位置。

（3）缩放命令。可以改变实体的尺寸大小，主要方法：单击"修改"工具栏中的"缩放"命令，根据系统提示选择要缩放的对象，指定缩放操作的基点，指定比例因子或选项（图 3-60），命令行提示中各主要选项含义如下。

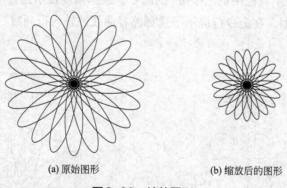

(a) 原始图形　　　　　　　　　(b) 缩放后的图形

图3-60　缩放图形

① 参照（R）。采用参考方向缩放对象时，根据系统提示输入参考长度值并指定新长度值。

② 指定比例因子。选择对象并指定基点后，从基点到当前光标位置会出现一条线段，线段的长度即为比例大小。

③ 复制（C）。选择"复制（C）"选项时，可以复制缩放对象，即缩放对象时，保留源对象（图 3-61）。

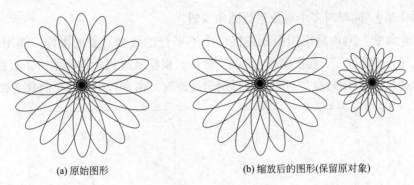

| (a) 原始图形 | (b) 缩放后的图形(保留原对象) |

图3-61　复制缩放图形

### 4. 改变几何特性类命令

改变几何特性类命令在对指定对象进行编辑后，使编辑对象的几何特性发生改变，包括圆角、倒角、打断、修剪、延伸、拉伸、拉长等命令。

（1）圆角命令。圆角是指用指定半径决定的一段平滑圆弧连接两个对象的操作。调用圆角命令，主要方法：单击"修改"工具栏中的"圆角"命令，根据系统提示选择第一个对象和第二个对象（图3-62）。使用圆角命令对图形对象进行圆角时，命令行提示主要选项的含义如下。

① 多段线（P）。在一条二维多段线的两段直线段的节点处插入圆滑的弧，计算机会根据指定的圆弧的半径把多段线各顶点用圆滑的弧连接起来。

② 半径（R）。确定圆角半径。

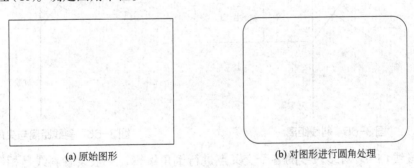

| (a) 原始图形 | (b) 对图形进行圆角处理 |

图3-62　对图形进行圆角处理

③ 修剪（T）。决定在圆滑连接两条边时，是否修剪这两条边（图3-63）。

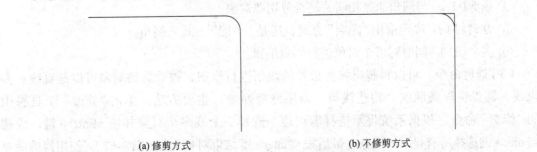

| (a) 修剪方式 | (b) 不修剪方式 |

图3-63　圆滑连接

④ 多个（M）。同时对多个对象进行圆角编辑。

（2）倒角命令。倒角是指用斜线连接两个不平行的线型对象的操作，调用倒角命令，主要方法：单击"修改"工具栏中的"倒角"命令。根据系统提示选择第一条直线和第二条直线（图3-64）。使用倒角命令对图形进行倒角处理时，命令行中各选项的含义如下。

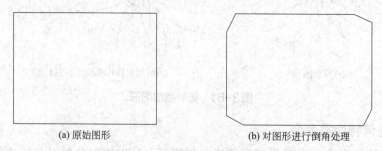

(a) 原始图形　　　　　　　　(b) 对图形进行倒角处理

图3-64　对图形进行倒角处理

① 距离（D）。选择倒角的两个斜线距离，这两个斜线距离可以相同也可以不相同，若两者均为0，计算机不绘制连接的斜线，而是将两个对象延伸至相交，并修剪超出的部分。

② 角度（A）。选择第一条直线的斜线距离和角度，需要输入两个参数，即斜线与一个对象的斜线距离和斜线与该对象的夹角（图3-65、图3-66）。

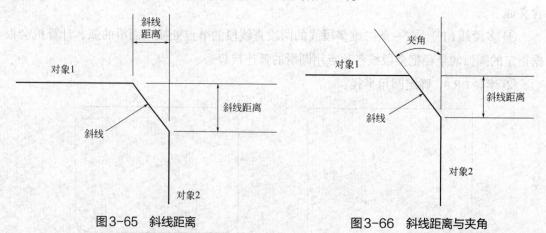

图3-65　斜线距离　　　　　　　　　图3-66　斜线距离与夹角

③ 多段线（P）。对多段线的各个交叉点进行倒角编辑，一般设置斜线是相等的值，计算机根据指定的斜线距离将多段线的交叉点都作斜线连接，连接的斜线成为多段线新添加的构成部分。

④ 修剪（T）。与圆角命令相同，是否剪切源对象。

⑤ 方式（M）。决定采用"距离"方式，还是"角度"方式来倒角。

⑥ 多个（U）。同时对多个对象进行倒角编辑。

（3）修剪命令。可以将超出修剪边界的线条进行修剪，被修剪的对象可以是直线、多段线、圆弧、样条曲线、构造线等。调用修剪命令，主要方法：单击"修改"工具栏中的"修剪"命令。根据系统提示选择剪切边，选择一个或多个对象并按 <Enter> 键，或按 <Enter> 键选择所有显示的对象，最后按 <Enter> 键结束对象选择（图3-67）。使用修剪命令对图形对象进行修剪时，命令行提示主要选项的含义如下。

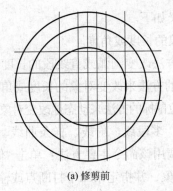 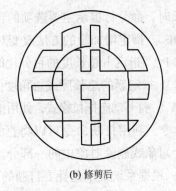

(a) 修剪前　　　　　　　　(b) 修剪后

图3-67　修剪图形

1）按 <Shift> 键。在选择对象时按住 <Shift> 键，计算机就自动将"修剪"命令转换成"延伸"命令。

2）边（E）。选择此选项时，可以选择对象的修剪方式。

① 延伸（E）。延伸边界进行修剪，如果剪切边没有与要修剪的对象相交，计算机会延伸剪切边直至与要修剪的对象相交，然后再修剪。

② 不延伸（N）。不延伸边界修剪对象，只修剪与剪切边相交的对象。

3）栏选（F）。计算机以栏选的方式选择被修剪对象。

4）窗交（C）。计算机以窗交的方式选择被修剪对象。

（4）延伸命令。是指延伸要延伸的对象直至另一个对象的边界线的操作。调用延伸命令，主要方法：单击"修改"工具栏中的"延伸"命令。根据系统提示选择边界对象，如果直接按 <Enter> 键，则选择所有对象作为可能的边界对象。选择边界对象后，计算机继续提示选择要延伸的对象，此时可继续选择或按 <Enter> 键结束。使用延伸命令对图形对象进行延伸（图3-68）时，选择对象时，如果按住 <Shift> 键，计算机自动将"延伸"命令转换成"修剪"命令。

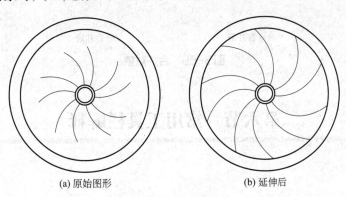

(a) 原始图形　　　　　　　　(b) 延伸后

图3-68　延伸图形

（5）拉伸命令。是指拖拉选择的对象，使其形状发生改变的操作。调用拉伸命令，主要方法：单击"修改"工具栏中的"拉伸"命令。根据系统提示输入"C"，采用交叉窗口的方式选择要拉伸的对象，指定拉伸的基点和第二点。

（6）拉长命令。是指拖拉选择的对象至某点或拉长一定长度。执行拉长命令，主要方法：选择菜单栏中的"修改"→"拉长"命令。根据系统提示选择对象，使用拉长命令对图形对象进行拉长时，命令行提示主要选项的含义如下。

① 增量（DE）。指定增加量的方法改变对象的长度或角度。

② 百分数（P）。指定占总长度的百分比的方法改变圆弧或直线段的长度。

③ 全部（T）。指定新的总长度或总角度值的方法来改变对象的长度或角度。

④ 动态（DY）。打开动态拖拉模式，使用拖拉鼠标的方法来动态地改变对象的长度或角度。

（7）打断命令。利用打断命令可以将直线、多段线、射线、样条曲线、圆和圆弧等建筑图形分成两个对象或删除对象中的一部分。调用该命令主要方法：单击"修改"工具栏中的"打断"命令。根据系统提示选择要打断的对象，并指定第二个打断点或输入"F"。

（8）打断于点。是指在对象上指定一点从而把对象在此点拆分成两部分。调用该命令主要方法：单击"修改"工具栏中"打断于点"命令。根据系统提示选择要打断的对象，并选择打断点，图形由断点处断开。

（9）分解命令。利用分解命令可以将图形进行分解。执行分解命令，主要方法：单击"修改"工具栏中的"分解"命令，根据系统提示选择要分解的对象。选择一个对象后，该对象会被分解。

（10）合并命令。是指将直线、圆弧、椭圆弧和样条曲线等独立的对象合并为一个对象。调用合并命令，主要方法：单击"修改"工具栏中的"合并"命令。根据系统提示选择一个对象，再选择要合并到源的另一个对象，合并完成（图3-69）。

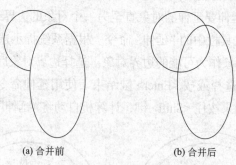

(a) 合并前　　　　　　　　(b) 合并后

图3-69　合并对象

# 第六节　常用工具栏解释

## 一、绘图栏

### 1. 直线

创建直线段，使用 line 命令，可以创建一系列连续的直线段，每条线段都是可以单独进行编辑的直线对象（图3-70）。

### 2. 构造线

创建无限长的线，可以使用无限延长的线（例如构造线）来创建构造和参考线，并且其可用于修剪边界（图3-71）。

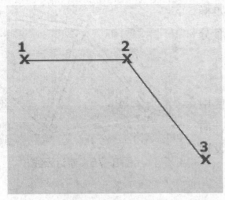

图3-70 直线

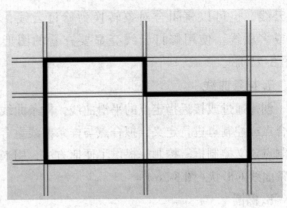

图3-71 构造线

### 3. 多段线

创建二维多段线，二维多段线是作为单个平面对象创建的相互连接的线段序列。可以创建直线段、圆弧段或两者的组合线段（图3-72）。

### 4. 多边形

创建等边闭合多段线，可以指定多边形的各种参数，包含边数。这也显示了内接和外切选项间的差别（图3-73）。

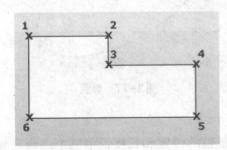

图3-72 多段线

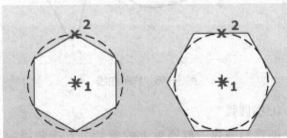

图3-73 多边形

### 5. 矩形

创建矩形多段线，从指定的矩形参数创建矩形多段线（长度、宽度、旋转角度）和角点类型（圆角、倒角或直角）（图3-74）。

### 6. 修订云线

通过绘制自由形状的多段线创建修订云线，可以通过拖动光标创建新的修

二维码19

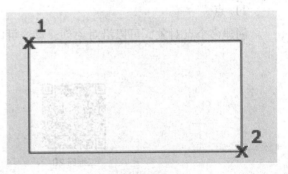

图3-74 矩形

订云线，也可以将闭合对象转换为修订云线，如椭圆或多段线。使用修订云线亮显要查看的图形部分（图3-75）。

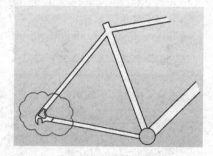

### 7. 样条曲线

创建通过或接近指定点的平滑曲线，样条曲线使用拟合点或控制点进行定义，拟合点与样条曲线重合，而控制点定义控制框。控制框提供了便捷方法，用来设置样条曲线的形状（图3-76）。

图3-75　修订云线

### 8. 椭圆

创建椭圆或椭圆弧，椭圆上的前两个点确定第一条轴的位置和长度，第三个点确定椭圆的圆心与第二条轴的端点之间的距离（图3-77）。

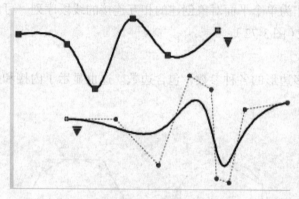

图3-76　样条曲线

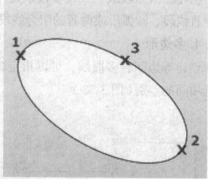

图3-77　椭圆

### 9. 椭圆弧

创建椭圆弧，椭圆弧上的前两个点确定第一条轴的位置和长度，第三个点确定椭圆弧的圆心与第二条轴的端点之间的距离，第四个点和第五个点确定起点和端点角度（图3-78）。

### 10. 插入块

向当前图形插入块或图形，块可以是存储相关块定义的图形文件，也可以是包含相关图形文件的文件夹。无论使用何种方式，块均可标准化并供多个用户访问。

### 11. 点

创建多个点对象，可以沿对象创建点，可以轻松指定点大小和样式（图3-79）。

二维码20

二维码21

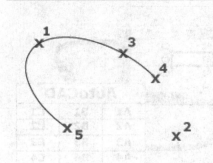

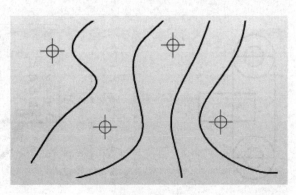

图3-78 椭圆弧          图3-79 点

## 12. 图案填充

使用填充图案或填充对封闭区域或选定对象进行填充，从多个方法中进行选择以指定图案填充的边界（图3-80）。可以指定对象封闭的区域中的点，选择封闭区域的对象，也可以将填充图案从工具选项板或设计中心拖动到封闭区域。

二维码 22

## 13. 渐变色

使用渐变填充对封闭区域或选定对象进行填充，渐变填充创建一种或两种颜色间的平滑转场（图3-81）。

二维码 23

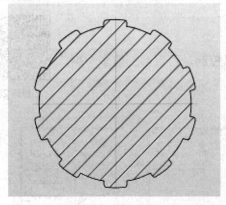

图3-80 图案填充          图3-81 渐变色

## 14. 面域

将包含封闭区域的对象转换为面域对象，面域是用闭合的形状或环创建的二维区域。闭合多段线、闭合的多条直线和闭合的多条曲线都是有效的选择对象。曲线包括圆弧、圆、椭圆弧、椭圆和样条曲线，可以将若干区域合并到单个复杂区域（图3-82）。

二维码 24

## 15. 表格

创建空的表格对象，表格是在行和列中包含数据的复合对象。可以通过空的表格或表格样式创建空的表格对象，还可以将表格链接至 MicrosoftExcel 电子表格中的数据（图3-83）。

二维码 25

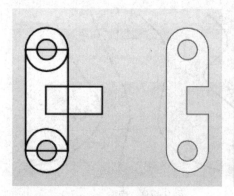

图3-82 面域

图3-83 表格

### 16. 多行文字

创建多行文字对象，可以将若干文字段落创建为单个多行文字对象。使用内置编辑器，可以格式化文字外观、列和边界。

二维码 26

## 二、修改栏

### 1. 删除

从图形删除对象，例如，输入 L 删除绘制的上一个对象，输入 P 删除前一个选择集，或输入 ALL 删除所有对象，还可以输入？以获得所有选项的列表（图 3-84）。

二维码 27

### 2. 复制

将对象复制到指定方向上的指定距离处，可以控制是否自动创建多个副本（图 3-85）。

二维码 28

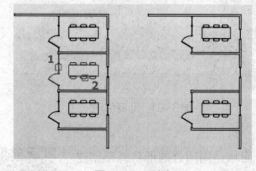

图3-84 删除

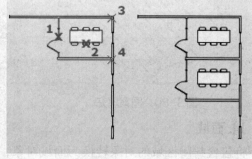

图3-85 复制

### 3. 镜像

创建选定对象的镜像副本。可以创建表示半个圈形的对象，选择这些对象并沿指定的线进行镜像以创建另一半（图 3-86）。

### 4. 偏移

创建同心圆、平行线、等距曲线，可以在指定距高或通过一个点偏移对象。偏移对象后，可以使用修剪和延伸这种有效

二维码 29

二维码 30

方式来创建多条平行线和曲线（图3-87）。

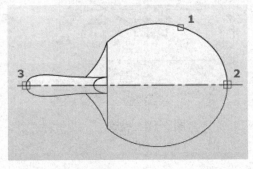 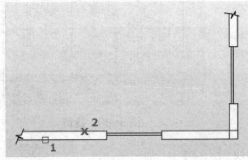

图3-86 镜像　　　　　　　　　图3-87 偏移

### 5. 矩形阵列

按任意行、列和层级组合分布对象副本，创建选定对象的副本的行和列阵列（图3-88）。

### 6. 移动

将对象在指定方向上移动指定距离，使用坐标、栅格捕捉、对象捕捉和其他工具可以精确移动对象（图3-89）。

二维码 31　　二维码 32

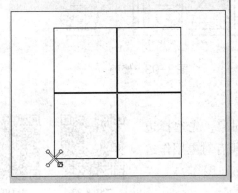 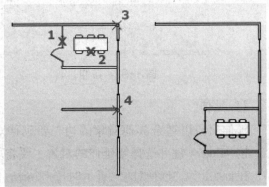

图3-88 矩形阵列　　　　　　　图3-89 移动

### 7. 旋转

绕基点旋转对象，可以围绕基点将选定的对象旋转到输入的角度（图3-90）。

### 8. 缩放

放大或缩小选定对象，缩放后保持对象的比例不变。要缩放对象，需要指定基点和比例因子。基点将作为缩放操作的中心，并保持静止。比例因子大于1时将放大对象，比例因子介于0和1之间时将缩小对象（图3-91）。

二维码 33　　二维码 34

### 9. 拉伸

通过窗选或多边形框选的方式拉伸对象，将拉伸窗交窗口部分包围的对象。将移动完全包含在窗交窗口中的对象或单独选定的对象。但是，某些对象类型无法拉伸，如圆、椭

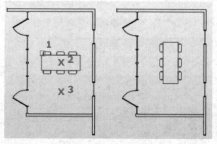
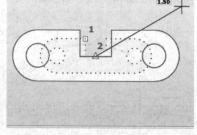

图3-90　旋转　　　　　　　　　图3-91　缩放

圆和块（图3-92）。

### 10. 修剪

修剪对象以适合其他对象的边，要修剪对象，先选择边界，再按 <Enter> 键并选择要修剪的对象要将所有对象用作边界，首次出现"选择对象"提示时按 <Enter> 键（图3-93）。

二维码 35

二维码 36

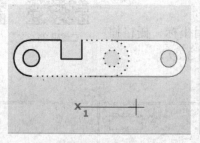
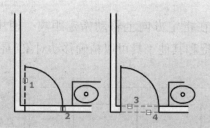

图3-92　拉伸　　　　　　　　　图3-93　修剪

### 11. 延伸

延伸对象以适合其他对象的边，要延伸对象，先选择边界，按 <Enter> 键并选择要延伸的对象。要将所有对象用作边界，在首次出现"选择对象"提示时按 <Enter> 键（图3-94）。

二维码 37

二维码 38

### 12. 打断于点

在一点打断选定的对象，有效对象包括直线、开放的多段线和圆弧，不能在一点打断闭合对象（例如圆）（图3-95）。

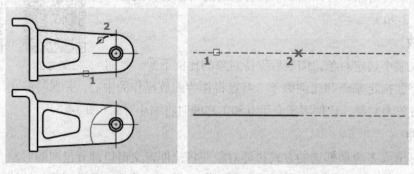

图3-94　延伸　　　　　　　　　图3-95　打断于点

### 13. 打断

在两点之间打断选定的对象，可以在对象上的两个指定点之间创建间隔，从而将对象打断为两个对象。如果这些点不在对象上，则会自动投影到该对象上（图 3-96）。

### 14. 合并

合并相似对象以形成一个完整的对象，在公共端点处合并一系列有限的线性和开放的弯曲对象，以创建单个二维或三维对象。产生的对象类型取决于选定的对象类型、首先选定的对象类型以及对象是否共面（图 3-97）。

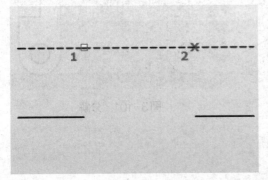

图3-96　打断　　　　　　　　图3-97　合并

### 15. 倒角

给对象加倒角，将按选择对象的次序应用指定的距离和角度（图 3-98）。

### 16. 圆角

给对象加圆角。例如，创建的圆弧与选定的两条直线均相切，直线被修剪到圆弧的两端。要创建一个尖转角，应当零作为半径（图 3-99）。

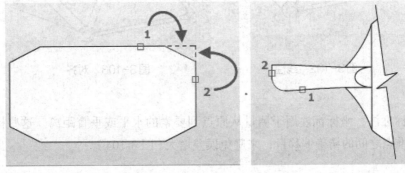

图3-98　倒角　　　　　　　　图3-99　圆角

### 17. 光顺曲线

在两条开放曲线的端点之间创建相切或平滑的样条曲线。选择端点附近的每个对象，生成的样条曲线的形状取决于指定的连续性，选定对象的长度保持不变（图 3-100）。

### 18. 分解

将复合对象分解为其部件对象，在希望单独修改复合对象的部件时，可分解复合对象，可以分解的对象包括块、多段线及面域等（图 3-101）。

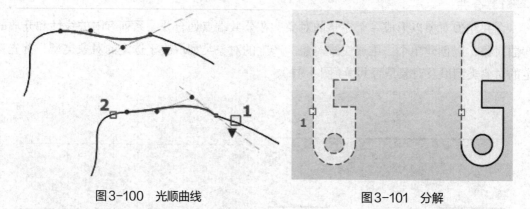

图3-100　光顺曲线　　　　　　　图3-101　分解

## 三、标注栏

### 1. 线性

创建线性标注，使用水平、竖直或旋转的尺寸线创建线性标注（图 3-102）。

### 2. 对齐

创建对齐线性标注，创建与尺寸界线的原点对齐的线性标注（图 3-103）。

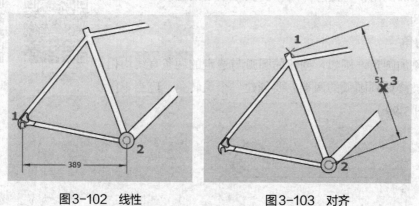

图3-102　线性　　　　　　　　　图3-103　对齐

### 3. 坐标

创建坐标标注，坐标标注用于测量从原点到要素的水平或垂直距离。这些标注通过保持特征与基准点之间的精确偏移量，来避免误差增大（图 3-104）。

### 4. 半径

创建圆或圆弧的半径标注，测量选定圆或圆弧的半径，并显示前面带有半径符号的标注文字，可以使用夹点轻松地重新定位生成的半径标注（图 3-105）。

### 5. 弧长

创建弧长标注，弧长标注用于测量圆弧或多段线圆弧上的距离，弧长标注的尺寸界线

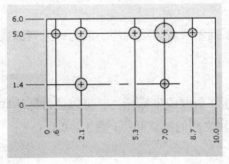

图3-104 坐标

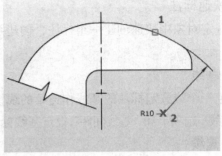

图3-105 半径

可以正交或径向，在标注文字的上方或前面将显示圆弧符号（图3-106）。

### 6. 折弯

创建圆和圆弧的折弯标注，当圆弧或圆的中心位于布局之外并且无法在其实际位置显示时，将创建折弯半径标注，可以在更方便的位置指定标注的原点（图3-107）。

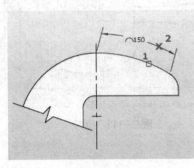

图3-106 弧长

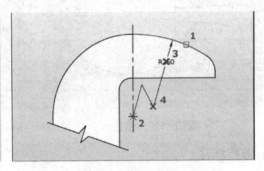

图3-107 折弯

### 7. 直径

创建圆或圆弧的直径标注，测量选定圆或圆弧的直径，并显示前面带有直径符号的标注文字，可以使用夹点轻松地重新定位生成的直径标注（图3-108）。

### 8. 角度

创建角度标注，测量选定的对象或3个点之间的角度，可以选择的对象包括圆弧、圆和直线等（图3-109）。

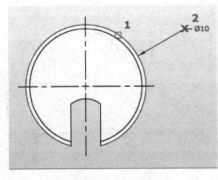

图3-108 直径

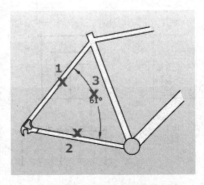

图3-109 角度

### 9. 快速标注

从选定对象中快速创建一组标注，创建系列基线或连续标注，或为一系列圆或圆弧创建标注。

### 10. 基线

从上一个或选定标注的基线作连续的线性、角度或坐标标注。可以通过标注样式管理器、"直线"选项卡和"基线间距"设定基线标注之间的默认间距（图3-110）。

### 11. 连续

创建从上一次所创建标注的延伸线处开始的标注。自动从创建的上一个线性约束、角度约束或坐标标注继续创建其他标注，或从选定的尺寸界线继续创建其他标注，将自动排列尺寸线（图3-111）。

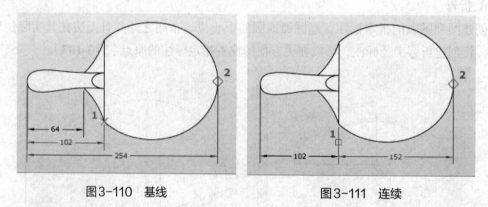

图3-110　基线　　　　　　　　图3-111　连续

### 12. 等距标注

调整线性标注或角度标注之间的间距，平行尺寸线之间的间距将设为相等，也可以通过使用间距值0使一系列线性标注或角度标注的尺寸线齐平（图3-112）。

### 13. 折断标注

在标注或延伸线与其他对象交叉处折断或恢复标注和延伸线，可以将折断标注添加到线性标注、角度标注和坐标标注等。

### 14. 公差

创建包含在特征控制框中的形位公差，形位公差表示形状、轮廓、方向、位置和跳动的允许偏差（图3-113）。

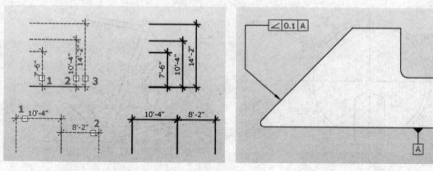

图3-112　等距标注　　　　　　图3-113　公差

　　AutoCAD 的基础命令是绘制各类平面图纸的基础，占据了整个 AutoCAD 中大部分功能，在实践操作中应当熟记最常用工具的快捷键与命令名称，能有效提高绘图速度。在练习初期中，可以先绘制相对简单的图形，如对某些基础命令的操作仍不了解，可以观看本章配套教学视频。

## 课后练习题

　　1. 运用点命令绘制地毯花纹。

　　2. 运用直线命令绘制日常的家具。

　　3. 运用多段线命令绘制圆椅。

　　4. 运用样条曲线命令绘制各种造型的灯具。

　　5. 熟练运用矩形命令和正多边形命令。

　　6. 综合运用圆命令和直线命令绘制沙发。

　　7. 了解 AutoCAD 中常用的平面编辑命令。

　　8. 了解 AutoCAD 常用的工具栏并能熟练掌握。

　　9. 综合运用 AutoCAD 基本命令绘制双人床，并进行尺寸标注。

　　10. 总结本章重点内容，熟练绘制平面图形。

# 第四章

# AutoCAD 辅助工具

**学习难度：** ★ ★ ★ ☆ ☆

**重点概念：** 设计中心、查询、图块、表格、标注、基本工具栏

**章节导读：** 文字注释是制图中非常重要的组成部分，在设计制图中，需要给出图形标注文字。表格在图纸中有大量的应用，如明细栏、参数表和标题栏等。尺寸标注是室内外绘图设计过程当中相当重要的一个环节。AutoCAD辅助工具类别繁多，熟练掌握常用的辅助工具能提高制图效率。

## 第一节　设计中心与工具选项板

AutoCAD 的设计中心能轻松组织设计制图内容，能将它们拖动到当前图形中。工具选项板是能提供组织、共享、放置块和填充图案的快捷方法。

### 一、设计中心

#### 1. 启动设计中心

启动设计中心的主要方法：单击"标准"工具栏中的"设计中心"命令。系统打开设计中心，第一次启动设计中心时，它默认打开的选项卡为"文件夹"。内容显示区采用大图标显示，同时还也可以搜索资源，方法与 Windows 资源管理器类似（图4-1）。

二维码 45

#### 2. 利用设计中心插入图形

设计中心可以将计算机文件夹中的 .DWG 图形作为图块插入到当前图形中。具体步骤如下。

（1）从查找结果列表框中选择要插入的对象，双击该对象。弹出"插入"对话框（图 4-2）。

（2）在该对话框中设置插入点、比例和旋转角度等数值。被选择的对象能根据指定的参数插入到图形当中。

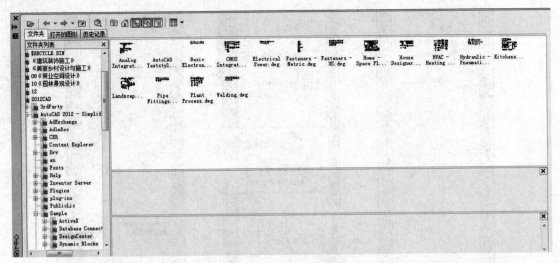

图4-1 AutoCAD设计中心

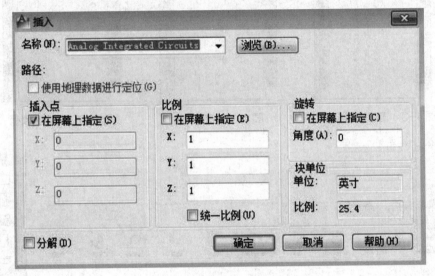

图4-2 "插入"对话框

## 二、工具选项板

### 1.打开工具选项板

打开工具选项板的主要方法:单击"标准"工具栏中的"工具选项板"命令,这时会自动弹出工具选项板窗口(图4-3)。单击鼠标右键,在弹出的快捷菜单中选择"新建选项板"命令(图4-4)。新建一个空白选项卡,可以命名该选项卡(图4-5)。

### 2.将设计中心内容添加到工具选项板

在设计中心的"Designcenter文件夹"上单击鼠标右键,系统打开快捷菜单,从中选择"创建工具选项板"命令(图4-6)。

设计中心中存储的图形会出现在工具选项板中新建的"Designcenter选项卡"上,这样可以将设计中心与工具选项板结合起来,建立一个快捷方便的工具选项板(图4-7)。

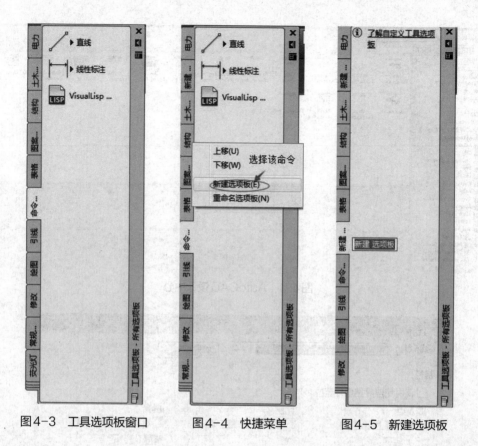

图4-3　工具选项板窗口　　　　图4-4　快捷菜单　　　　图4-5　新建选项板

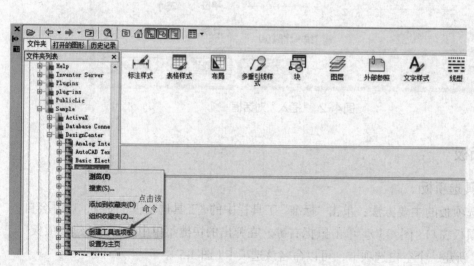

图4-6　选择"创建工具选项板"命令

图4-7　创建
工具选项板

### 3. 利用工具选项板绘图

将工具选项板中的图形单元拖动到当前图形，该图形单元就以图块的形式插入到当前图形中。

# 第二节 基本工具

## 一、查询工具

为方便用户及时了解图形信息，AutoCAD 提供了很多查询工具。

### 1. 距离查询

调用查询距离命令的主要方法：单击"查询"工具栏中的"距离"命令。根据系统提示指定要查询的第一点和第二点。此时，命令行提示中选项为"多点"，如果使用此选项，计算机将对现有直线段即时计算总距离。

二维码 46

### 2. 面积查询

调用面积查询命令的主要方法：单击"查询"工具栏中的"面积"命令。根据系统提示选择查询区域，命令行提示中各选项的含义如下。

（1）指定角点。计算由指定点所定义的面积和周长。

（2）增加面积。打开"加"模式，并在定义区域保持总面积。

（3）减少面积。从总面积中减去指定的面积。

## 二、图块与属性

将一组图形对象组合成图块进行保存，可以将图块作为一个整体，以任何比例和旋转角度插入图中任意位置，这样能避免大量重复工作，提高绘图速度和工作效率，节省磁盘空间。

二维码 47

### 1. 图块的操作

（1）定义图块。图块定义方法：单击"绘图"工具栏中的"创建块"命令。计算机弹出"块定义"对话框，这时可以指定定义对象、基点等其他参数，即可定义图块并命名（图4-8）。

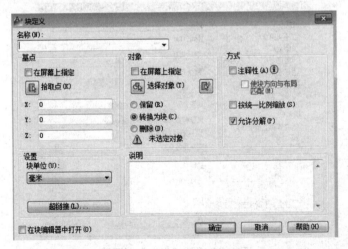

图4-8 "块定义"对话框

（2）保存图块。图块的保存方法：在命令行中输入"WBLOCK"命令，这时会弹出"写块"对话框。此对话框能图形对象保存为图块，或将图块转换成图形文件（图4-9）。

（3）插入图块。调用块插入命令，主要方法：单击"插入"工具栏中的"插入块"命令或单击"绘图"工具栏中的"插入块"命令，这时弹出"插入"对话框（图4-10）。

图4-9 "写块"对话框

图4-10 "插入"对话框

### 2. 设置图块属性

图块中除了包含图形信息外，还可以输入非图形信息。例如，将一把椅子的图形定义为图块后，还可以将椅子的号码、材料、重量、价格、说明等文本信息一并加入图块中。这些非图形信息被称为图块的属性，是图块的重要组成部分。插入图块时会将图形对象连同属性一起插入到图形中。

（1）属性定义。在使用图块属性前，要对其属性进行定义，定义属性方法：选择菜单栏中的"绘图"→"块"→"定义属性"命令。这时计算机会弹出"属性定义"对话框（图4-11）。

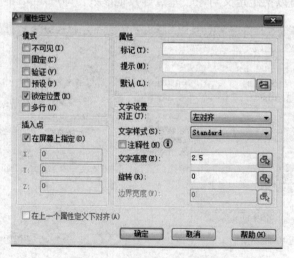

图4-11 "属性定义"对话框

1）"模式"选项组，包含以下6个复选框。

①"不可见"复选框。选中此复选框，属性为不可见显示方式，插入图块并输入属性值后，属性值在图中并不显示出来。

②"固定"复选框。选中此复选框，属性值为常量，属性值在属性定义时给定，在插入图块时，AutoCAD不再提示输入属性值。

③"验证"复选框。选中此复选框，当插入图块时，AutoCAD重新显示属性值让用户验证该值是否正确。

④"预设"复选框。选中此复选框，当插入图块时，AutoCAD自动把事先设置好的默认值赋予属性，而不再提示输入属性值。

⑤"锁定位置"复选框。选中此复选框，当插入图块时，AutoCAD锁定块参照中属性的位置。解锁后，属性可以相对于使用夹点编辑的块的其他部分移动，并且可以调整多行属性的大小。

⑥"多行"复选框。指定属性值可以包含多行文字。

2）"属性"选项组，包含以下3个文本框。

①"标记"文本框。输入属性标签。属性标签可由除空格和感叹号以外的所有字符组成。AutoCAD自动把小写字母改为大写字母。

②"提示"文本框。输入属性提示。属性提示是在插入图块时，AutoCAD要求输入属性值的提示。如果不在此文本框内输入文本，则以属性标签作为提示。如果在"模式"选项组中选中"固定"复选框，即设置属性为常量，则不需设置属性提示。

③"默认"文本框。设置默认的属性值。可把使用次数较多的属性值作为默认值，也可不设默认值。

（2）修改属性定义。在定义图块之前，可以对属性定义进行修改，可以修改属性标签、属性提示、属性默认值。调用文字编辑命令方法：选择菜单栏中的"修改"→"对象"→"文字"→"编辑"命令。根据系统提示选择要修改的属性定义，打开"编辑属性定义"对话框，可以在该对话框中修改属性定义（图4-12）。

（3）图块属性编辑。调用图块属性编辑命令方法：选择菜单栏中的"修改"→"对象"→"属性"→"单个"命令。在提示下选择块后，弹出"增强属性编辑器"对话框，该对话框不仅可以编辑属性值，还可以编辑属性的文字选项和图层、线型、颜色等特性值（图4-13）。

图4-12 "编辑属性定义"对话框

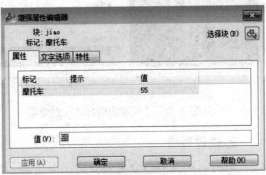

图4-13 "增强属性编辑器"对话框

## 三、表格工具

表格功能能使创建表格变得非常容易，可以直接插入设置好样式的表格，而不用绘制由单独的图线组成的栅格。

二维码48

### 1. 设置表格样式

调用表格样式命令，主要方法：单击"样式"工具栏中的"表格样式管理器"命令。打开"表格样式"对话框（图4-14）。"表格样式"对话框中部分命令的含义如下。

（1）新建。单击"新建"按钮，系统弹出"创建新的表格样式"对话框（图4-15）。输入新的表格样式名后，单击"继续"按钮，系统打开"新建表格样式"对话框，从中可以定义新的表格样式（图4-16）。分别控制表格中数据、列标题和标题的有关参数（图4-17）。

（2）修改。单击"修改"按钮，可对当前表格样式进行修改，方式与新建表格样式相同。

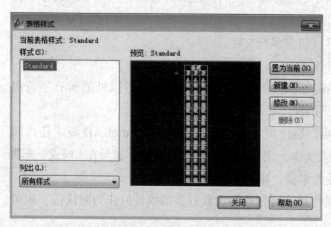

图4-14 "表格样式"对话框

图4-15 "创建新的表格样式"对话框

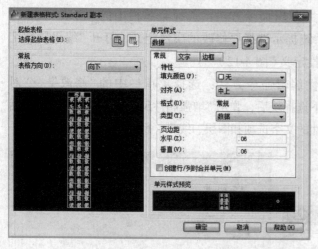

图4-16 "新建表格样式"对话框

图4-17 表格样式

### 2. 创建表格

调用创建表格命令主要方法：单击"绘图"工具栏中的"表格"命令，打开"插入表格"对话框（图4-18）。

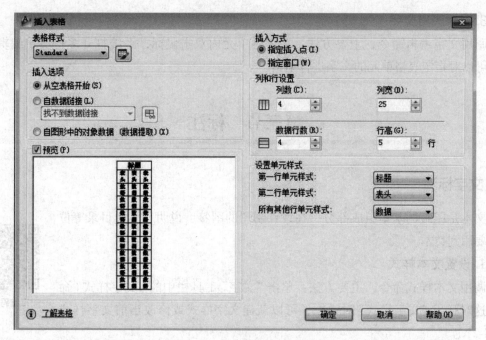

图4-18 "插入表格"对话框

对话框中的各选项组含义如下。

（1）"表格样式"选项组。在下拉列表框中选择一种表格样式，可以单击后面的"启动表格样式对话框"命令新建或修改表格样式。

（2）"插入方式"选项组。选中"指定插入点"单选按钮，可以指定表左上角的位置，使用定点设备，在命令行输入坐标值。

（3）"列和行设置"选项组。用来指定列和行的数目、列宽、行高。

在上面的"插入表格"对话框中进行设置后，单击"确定"按钮，系统在指定的插入点或窗口自动插入一个空表格，并显示多行文字编辑器，可以逐行逐列输入相应的文字或数据（图4-19）。在插入后的表格中选择某一个单元格，单击后出现钳夹点，通过移动钳夹点可以改变单元格大小（图4-20）。

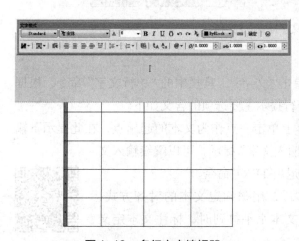

图4-19 多行文字编辑器

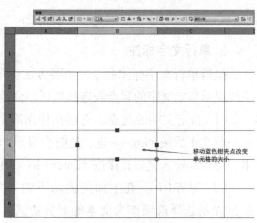

图4-20 改变单元格大小

**3. 编辑表格文字**

调用文字编辑命令，主要方法：在表格单元内双击鼠标，系统打开多行文字编辑器，用户可以对指定表格单元的文字进行编辑。

# 第三节　标注

## 一、文字标注

文本是图纸的基本组成部分，在设计制图的图签、说明、图样目录等位置都要用到文本。

二维码 49

### 1. 设置文本样式

调用文本样式命令，主要方法：单击"文字"工具栏中的"文字样式"命令，这时弹出"文字样式"对话框，可以新建文字样式或修改当前文字样式（图 4-21）。

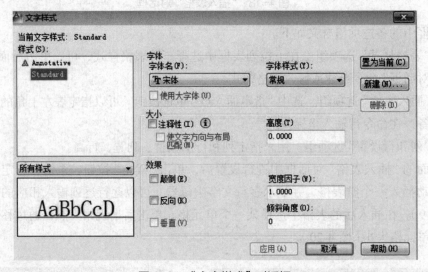

图4-21　"文字样式"对话框

### 2. 单行文字标注

执行单行文字标注命令，主要方法：单击"文字"工具栏中的"单行文字"命令，根据系统提示指定文字的起点或选择选项。命令行提示主要选项的含义如下。

（1）指定文字的起点。直接在作图屏幕上单击一点作为文本的起始点，在此提示下输入一行文本后按 <Enter> 键，这时会显示"输入文字"提示，可以继续输入文本，待全部输入完后直接按 <Enter> 键，则退出 TEXT 命令。

（2）对齐（J）。在上面的提示下输入"J"，用来确定文本的对齐方式，根据提示选择选项作为文本的对齐方式。文本水平排列时，标注文本定义了顶线、中线、基线和底线（图 4-22）。

二维码 50

图4-22  文本行的底线、基线、中线和顶线

选择"对齐（A）"选项，指定文本行基线的起始点与终止点的位置，提示如下。

① 指定文字基线的第一个端点：指定文本行基线的起点位置。

② 指定文字基线的第二个端点：指定文本行基线的终点位置。

③ 输入文字：输入一行文本后按 <Enter> 键。

④ 输入文字：继续输入文本或直接按 <Enter> 键结束命令。

此外，有时需要标注一些特殊字符，例如，直径符号、上划线或下划线、温度符号等。由于这些符号不能直接从键盘上输入，计算机提供了一些控制码，用来实现这些要求。控制码用两个百分号（%%）加一个字符构成（表4-1）。

表4-1  AutoCAD常用控制码

| 符号 | 功能 | 符号 | 功能 |
|---|---|---|---|
| %%O | 上划线 | \u + 0278 | 电相位 |
| %%U | 下划线 | \u + E101 | 流线 |
| %%D | "度"符号 | \u + 2261 | 标识 |
| %%P | 正负符号 | \u + E102 | 界碑线 |
| %%C | 直径符号 | \u + 2260 | 不相等 |
| %%% | 百分号% | \u + 2126 | 欧姆 |
| \u + 2248 | 几乎相等 | \u + 03A9 | 欧米加 |
| \u + 2220 | 角度 | \u + 214A | 低界线 |
| \u + E100 | 边界线 | \u + 2082 | 下标2 |
| \u + 2104 | 中心线 | \u + 00B2 | 上标2 |
| \u + 0394 | 差值 | | |

### 3. 多行文字标注

调用多行文字标注命令，主要方法：单击"绘图"工具栏中的"多行文字"命令或单击"文字"工具栏中的"多行文字"命令，根据系统提示指定矩形框的范围，创建多行文字。使用多行文字命令绘制文字时，命令行提示主要选项的含义如下。

（1）指定对角点。在屏幕上单击一个点作为矩形框的第二个角点，计算机以这两个点为对角点形成一个矩形区域，其宽度作为将来要标注的多行文本宽度，第一个点是第一行文本顶线的起点。响应后计算机会打开"多行文字"编辑器，可利用此对话框与编辑器输入多行文本，并对其格式进行设置（图4-23）。

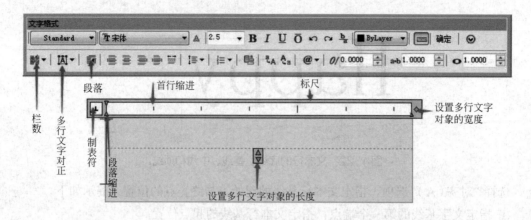

图4-23 "文字格式"对话框和"多行文字"编辑器

（2）对正（J）。确定所标文本的对齐方式，选取一种对齐方式后按 <Enter> 键，这时就回到上一级提示。

（3）行距（L）。确定多行文本的行间距，是指相邻两文本行的基线之间的垂直距离。根据系统提示输入行距类型，类型有"至少"和"精确"方式。"至少"方式能根据每行文本中最大的字符自动调整行间距。"精确"方式能给多行文本赋予固定行间距。可以直接输入确切的间距值，也可以输入"nx"形式，其中 n 表示行间距设置为单行文本高度的 n 倍，单行文本高度是本行文本字符高度的 1.66 倍。

（4）旋转（R）。确定文本行的倾斜角度，根据系统提示输入倾斜角度。

（5）样式（S）。确定当前的文本样式。

（6）宽度（W）。指定多行文本宽度，可在屏幕上选取一点，与前面确定的第一个角点组成的矩形框的宽作为多行文本的宽度，也可以输入一个数值，精确设置多行文本宽度。

在多行文字绘制区域，单击鼠标右键，打开右键快捷菜单，这里提供标准编辑命令和多行文字特有的命令。菜单顶层的命令是基本编辑命令，如剪切、复制、粘贴等，后面的命令是多行文字编辑器特有的命令（图4-24）。

① 插入字段。选择该命令，打开"字段"对话框，从中选择要插入到文字中的字段。关闭该对话框后，字段的当前值将显示在文字中（图4-25）。

② 符号。在光标位置插入符号或不间断空格。也可以后手动插入符号。

③ 段落对齐。设置多行文字对象的对正和对齐方式，文字可以根据左右边界进行置中对正、左对正、右对正。文字可以根据其上下边界进行中央对齐、顶对齐、底对齐。

④ 段落。为段落和段落第一行设置缩进，指定制表位和缩进，可以控制段落的对齐方式、段落间距、段落行距。

图4-24 右键快捷菜单

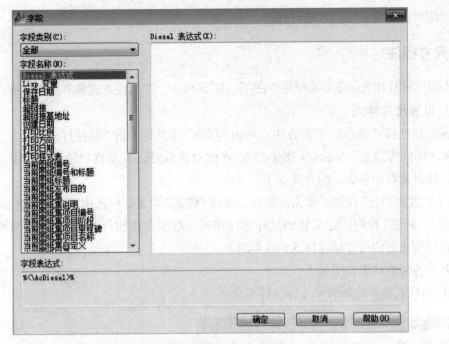

图4-25 "字段"对话框

⑤ 项目符号和列表。显示用于编号列表的选项。

⑥ 改变大小写。改变选定文字的大小写，可以选择"大写"或"小写"。

⑦ 自动大写。能将所有新输入的文字转换成大写，自动大写不影响已有的文字。要改变已有文字的大小写，单击鼠标右键，然后在弹出的快捷菜单中选择"改变大小写"命令。

⑧ 字符集。显示代码页菜单，可以选择一个代码页并将其应用到选定的文字。

⑨ 合并段落。将选定的段落合并为一段，并用空格替换每段的回车符。

⑩ 背景遮罩。用设定的背景对标注的文字进行遮罩，计算机将弹出"背景遮罩"对话框（图4-26）。

图4-26 "背景遮罩"对话框

⑪ 删除格式。清除选定文字的粗体、斜体或下划线格式。

⑫ 编辑器设置。显示"文字格式"工具栏的选项列表。

**4. 多行文字编辑**

调用多行文字编辑命令，主要方法：单击"文字"工具栏中的"编辑"命令，根据系统提示选择想要修改的文本，同时光标变为拾取框。用拾取框选择对象，或单击该文本，可对其进行修改。如果选取的文本是多行文本，选取后则打开"多行文字"编辑器，可根据前面的介绍对各项设置或内容进行修改。

## 二、尺寸标注

与尺寸标注相关的命令菜单集中在"标注"菜单中，工具栏方式集中在"标注"工具栏中。

### 1. 设置尺寸样式

调用标注样式命令的主要方法：单击"标注"工具栏中的"标注样式"命令。计算机打开"标注样式管理器"对话框（图4-27）。在此对话框可以方便直观地定制和浏览尺寸标注样式，该对话框中各命令的含义如下。

（1）"置为当前"按钮。单击此按钮，可将"样式"列表框中选中的样式设置为当前样式。

（2）"新建"按钮。定义新的尺寸标注样式。单击此按钮打开"创建新标注样式"对话框，可以创建新的尺寸标注样式（图4-28）。

其中各项的功能说明如下。

① 新样式名。给新的尺寸标注样式命名。

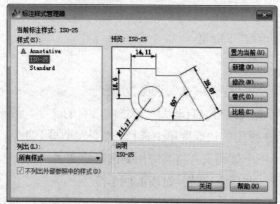

图4-27 "标注样式管理器"对话框

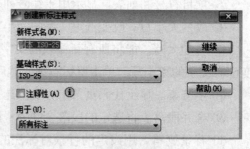

图4-28 "创建新标注样式"对话框

② 基础样式。选取创建新样式所基于的标注样式。单击右侧下拉箭头，可在弹出的样式列表中选取一个样式进行修改。

③ 用于。指定新样式应用的尺寸类型。单击右侧的下拉箭头，弹出尺寸类型列表，如果新建样式应用于所有尺寸，则选"所有标注"；如果新建样式只应用于特定的尺寸标注，则选取相应的尺寸类型。

④ 继续。各选项设置好以后，单击"继续"按钮，打开"新建标注样式"对话框，利用此对话框可对新样式的各项特性进行设置（图4-29）。

（3）"修改"按钮。修改一个已存在的尺寸标注样式，单击此按钮，计算机打开"修改标注样式"对话框，其中各选项与"新建标注样式"对话框中完全相同，可以对已有标注样式进行修改。

（4）"替代"按钮。设置临时覆盖尺寸标注样式，单击此按钮，计算机打开"替代当前样式"对话框，其中各选项与"新建标注样式"对话框完全相同，可以改变选项设置覆盖原来的设置。

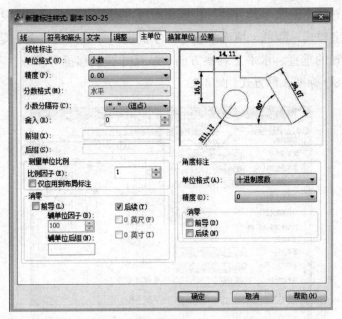

图4-29 "新建标注样式"对话框

（5）"比较"按钮。比较两个尺寸标注样式在参数上的区别，或浏览尺寸标注样式的参数设置。单击此按钮，打开"比较标注样式"对话框，可以将比较结果复制到剪贴板上，然后再粘贴到其他的 Windows 应用软件上。

"新建标注样式"对话框（图4-30）中有7个选项卡，分别说明如下。

① 线。该选项卡对尺寸线、尺寸界线的形式和特性等参数进行设置。包括尺寸线的颜色、线宽、超出标记、基线间距、隐藏等参数，尺寸界线的颜色、线宽、超出尺寸线、起点偏移量、隐藏等参数。

② 符号和箭头。该选项卡主要对箭头、圆心标记、弧长符号、半径折弯标注的形式和特性进行设置，包括箭头的大小、引线、形状，圆心标记的类型和大小等参数（图4-31）。

图4-30 "线"选项卡

图4-31 "符号和箭头"选项卡

③ 文字。该选项卡对文字的外观、位置、对齐方式等各个参数进行设置（图4-32）。包括文字外观的文字样式、颜色、填充颜色、文字高度、分数高度比例、是否绘制文字边框等参数，文字位置的垂直、水平、观察方向、从尺寸线偏移量等参数。对齐方式有水平、与尺寸线对齐、ISO标准3种方式（图4-33）。

图4-32　"文字"选项卡

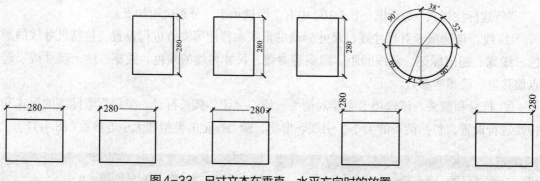

图4-33　尺寸文本在垂直、水平方向时的放置

④ 调整。该选项卡对调整选项、文字位置、标注特征比例、调整等各个参数进行设置（图4-34）。包括调整选项选择、文字不在默认位置时的放置位置、标注特征比例选择、调整尺寸要素位置等参数（图4-35）。

⑤ 主单位。该选项卡用来设置尺寸标注的主单位和精度，给尺寸文本添加固定的前缀或后缀。该选项卡包含两个选项组，分别对长度型标注和角度型标注进行设置（图4-36）。

⑥ 换算单位。该选项卡用于对替换单位进行设置（图4-37）。

⑦ 公差。该选项卡用于对尺寸公差进行设置（图4-38）。"方式"下拉列表框列出了5种标注公差形式，用户可从中选择。这5种形式分别是"无""对称""极限偏差""极限尺寸""基本尺寸"，其中"无"表示不标注公差，即通常标注情形。在"精度""上偏差""下偏差""高度比例"数值框和"垂直位置"下拉列表框中可输入或选择相应的参数值。

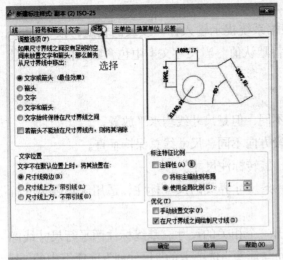

图4-34 "调整"选项卡

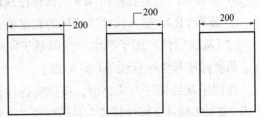

图4-35 尺寸文本的放置

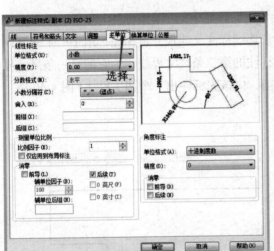

图4-36 "主单位"选项卡

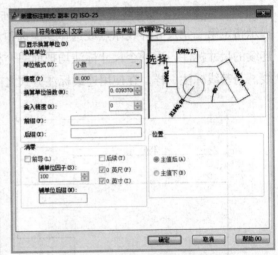

图4-37 "换算单位"选项卡

## 2. 尺寸标注类型

（1）线性标注。调用线性标注命令主要
方法：单击"标注"工具栏中的"线性"命
令。根据系统提示直接按 \<Enter\> 键选择要
标注的对象或指定两条尺寸界线的起始点
后，命令行中各选项的含义如下。

① 指定尺寸线位置。移动鼠标选择合
适的尺寸线位置，按\<Enter\>键或单击鼠标，
计算机自动测量所标注线段的长度并标注出
相应的尺寸。

② 多行文字（M）。用多行文本编辑器
来确定尺寸文本。

图4-38 "公差"选项卡

③ 文字（T）。输入或编辑尺寸文本，根据系统提示输入标注线段的长度，按 <Enter> 键即可采用此长度值，也可输入其他数值代替默认值。当尺寸文本中包含默认值时，可使用尖括号 "<>" 表示默认值。

④ 角度（A）。确定尺寸文本的倾斜角度。

⑤ 水平（H）。水平标注尺寸，标注方向不同，但是尺寸线均水平放置。

⑥ 垂直（V）。垂直标注尺寸，被标注线段方向不同，尺寸线总保持垂直。

⑦ 旋转（R）。输入尺寸线旋转的角度值，旋转标注尺寸。

（2）基线标注。用于产生一系列基于同一条尺寸界线的尺寸标注，适用于长度尺寸标注、角度标注和坐标标注等（图 4-39）。

在使用基线标注方式之前，应该先标注出一个相关的尺寸。基线标注两平行尺寸线间距由 "新建（修改）标注样式" 对话框中 "尺寸与箭头" 选项卡的 "尺寸线" 选项组中的 "基线间距" 文本框的值决定。

基线标注命令调用的主要方法：单击 "标注" 工具栏中的 "基线标注" 命令。根据系统提示指定第二条尺寸界线原点或选择其他选项。连续标注又叫尺寸链标注，用于产生一系列连续的尺寸标注，后一个尺寸标注均把前一个标注的第二条尺寸界线作为它的第一条尺寸界线。与基线标注一样，在使用连续标注方式之前，应该先标注出一个相关尺寸（图 4-40）。

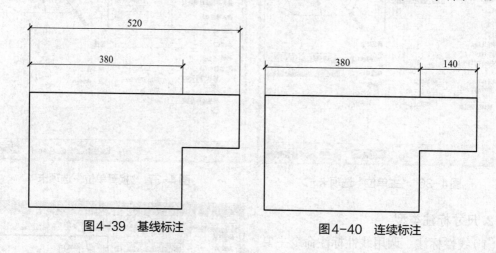

图 4-39　基线标注　　　　　　　图 4-40　连续标注

（3）快速标注。可以交互地、动态地、自动地进行尺寸标注。可以同时选择多个圆或圆弧标注直径或半径，或同时选择多个对象进行基线标注和连续标注，选择一次即可完成多个标注，提高工作效率。调用快速尺寸标注命令的主要方法：单击 "标注" 工具栏中的 "快速标注" 命令。根据系统提示选择要标注尺寸的多个对象后按 <Enter> 键，并指定尺寸线位置或选择其他选项。命令行中各选项的含义如下。

① 指定尺寸线位置。直接确定尺寸线位置，该位置按默认尺寸标注类型标注出相应的尺寸。

② 连续（C）。产生一系列连续标注的尺寸。输入 "C"，计算机提示选择要进行标注的对象，选择完后按 <Enter> 键，返回上面的提示，给定尺寸线位置，完成连续尺寸标注。

③ 并列（S）。产生一系列交错的尺寸标注（图 4-41）。

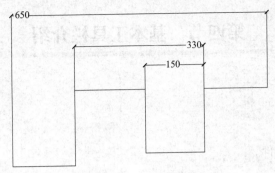

图4-41 交错尺寸标注

④ 基线（B）。产生一系列基线标注尺寸，"坐标（O）""半径（R）""直径（D）"含义与此类同。

⑤ 基准点（P）。为基线标注和连续标注指定一个新的基准点。

⑥ 编辑（E）。对多个尺寸标注进行编辑，对已存在的尺寸标注添加或移去尺寸点，根据系统提示确定要移去的点之后按<Enter>键，计算机会对尺寸标注进行更新。

（4）引线标注。引线标注命令的调用方法：在命令行中输入"QLEADER"命令。根据系统提示指定第一个引线点或选择其他选项，也可以在上面操作过程中选择"设置（S）"选项，弹出"引线设置"对话框进行相关参数设置。

① 注释。对引线的注释类型，多行文字选项进行调整（图4-42）。

② 引线和箭头。选择引线和箭头类型（图4-43）。

③ 附着。设置多行文字的附着方向（图4-44）。

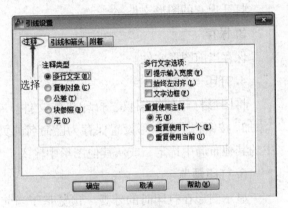

图4-42 "注释"选项卡

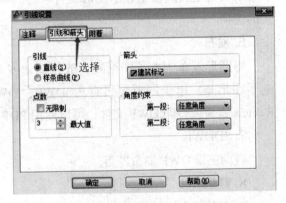

图4-43 "引线和箭头"选项卡

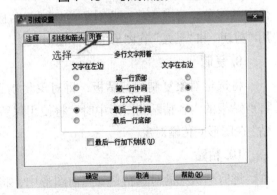

图4-44 "附着"选项卡

# 第四节 基本工具栏介绍

## 一、标准栏

### 1. 新建
创建空白的图形文件。

### 2. 打开
打开现有的图形文件

二维码 52

### 3. 保存
保存当前图形文件。

### 4. 打印
将图形打印到绘图仪、打印机或文件。在"页面设置"下的"图形"对话框中，使用"添加"按钮将当前图形设置保存为已命名的页面设置。布局中定义的页面设置可以从图形中的其他布局中选定，或从其他图形中输入。

### 5. 打印预览
显示图形在打印时的外观。预览基于当前打印配置，它由"页面设置"或"打印"对话框中的设置定义。预览显示图形在打印时的确切外观，包括线宽、填充图案和其他打印样式的选项。

### 6. 发布
将图形发布为电子图纸集，或将图形发布到绘图仪。可以合并图形集、创建图纸或电子图形集。电子图形集另存为 .DWF、.DWF 和 .PDF 文件。可以使用 Autodesk Design Review 查看或打印 DWF 文件，可以使用 PDF 查看器查看 PDF 文件。

### 7. 3DDWF
启动三维 DWF 发布界面。

### 8. 剪切
将选定对象复制到剪贴板并将其从图形中删除。如果要在其他应用程序中使用图形文件中的对象，可以先将这些对象剪切到剪贴板，再将其粘贴到其他应用程序中。还可以使用"剪切"和"粘贴"在图形之间传输对象。

### 9. 复制
将选定对象复制到剪贴板，将对象复制到剪贴板时，能保存所有可用格式存储信息。将剪贴板的内容粘贴到图形中时，将使用保留信息最多的格式。还可以使用"复制"和"粘贴"在图形间传输对象。

### 10. 粘贴
将剪贴板中的对象粘贴到当前图形中，将对象复制到剪贴板时，将以所有可用格式存储信息。将剪贴板的内容粘贴到图形中时，将使用保留信息最多的格式。还可以使用"复制"和"粘贴"在图形之间传输对象。

### 11. 特性匹配

将选定对象的特性应用到其他对象，可以应用的特性类型包含颜色、图层、线型、线型比例、线宽、打印样式、透明度和其他指定的特性。

### 12. 块编辑器

块编辑器中打开块定义，用于为当前图形创建和更改块定义，还可以使用块编辑器向块中添加动态行为。

### 13. 实时平移

沿屏幕方向平移视图，先将光标放在起始位置，再按下鼠标键，将光标拖动到新的位置。还可以再按下鼠标滚轮或鼠标中键，然后拖动光标进行平移。

### 14. 实时缩放

放大或缩小显示当前视口中对象的外观尺寸。

### 15. 窗口缩放

放大或缩小显示当前视口中对象的外观尺寸。

### 16. 特性

控制现有对象的特性，选择多个对象时，仅显示所有选定对象的公共特性。未选定任何对象时，仅显示常规特性的当前设置。

### 17. 设计中心

管理和插入块、外部参照和填充图案等内容，可以使用左侧的树状图浏览内容的源，而在内容区显示内容。可以使用右侧的内容区将项目添加到图形或工具选项板中。

### 18. 工具选项板窗口

打开和关闭"工具选项板"窗口，使用工具选项板可在选项卡形式的窗口中整理块、图案填充和自定义工具。可以在"工具选项板"窗口的各区域单击鼠标右键，显示快捷菜单访问各种选项和设置。

### 19. 图纸集管理器

打开"图纸集管理器"，图纸集管理器用于组织、显示和管理图纸集。图纸集中的每张图纸都与图形文件中的布局相对应。

### 20. 标记集管理器

显示已加载标记集的相关信息及其状态，可以将图形发布为 .DWF 文件。检查者可以在 Autodesk Design Review 中打开文件，对其进行标记，然后将其发送回用户。

### 21. 快速计算器

显示或隐藏快速计算器，可以用于各种数学、科学和几何计算，可创建和使用变量，还可转换测量单位。

## 二、样式栏

### 1. 文字样式

创建、修改或指定文字样式,可以指定当前文字样式以确定所有新文字的外观。文字样式包含字体、字号、倾斜角度、方向和其他文字特征(图4-45)。

### 2. 标注样式

创建和修改标注样式,用于控制标注的外观,可以创建标注样式,以快速指定标注的格式,并确保标注符合标准(图4-46)。

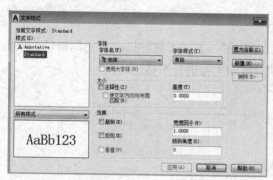
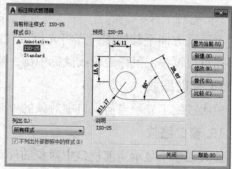

图4-45 文字样式管理器          图4-46 标注样式管理器

### 3. 表格样式

创建、修改或指定表格样式,可以指定当前表格样式,以确定所有新表格的外观。表格样式包括背景颜色、页边距、边界、文字和其他表格特征(图4-47)。

### 4. 多重引线样式

创建和修改多重引线样式,可以控制多重引线外观,这些样式可指定基线、引线、箭头和内容的格式(图4-48)。

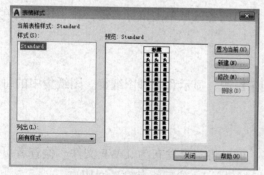

图4-47 表格样式管理器          图4-48 多重引线样式管理器

## 三、绘图次序栏

### 1. 前置

强制使选定对象显示在所有对象之前,能将图形中的所有文字、标注或引线置于其他对象的前面。

**2. 后置**

强制使选定对象显示在所有对象之后，能将图形中的所有文字、标注或引线置于其他对象的后面。

**3. 置于对象之上**

强制使选定对象显示在指定的参照对象之前，能将图形中的所有文字、标注或引线置于其他对象的前面。

**4. 置于对象之下**

强制使选定对象显示在指定的参照对象之后，能将图形中的所有文字、标注或引线置于其他对象的后面。

**5. 文字对象前置**

强制使文字对象显示在所有其他对象之前。

**6. 将图案填充项后置**

强制将全部图案填充项显示在所有其他对象后面。

## 四、绘图栏

**1. 图层特性管理器**

管理图层和图层特性。

**2. 将对象的图层置为当前**

将当前图层设置为选定对象所在的图层，可以通过选择当前图层上的对象来更改该图层。

**3. 上一个图层**

放弃对图层设置的上一个或上一组更改，使用"上一个图层"时，可以放弃使用"图层"控件、图层特性管理器所做的最新更改。对图层设置所做的更改都将被追踪，并且可以通过"上一个图层"放弃操作。

**4. 图层状态管理器**

保存、恢复和管理命名的图层状态，将图形中的图层设置另存为命名图层状态，可以恢复、编辑、输入和输出命名图层状态以在其他图形中使用。创建和修改标注样式，用于控制标注的外观，可以创建标注样式，以快速指定标注的格式，并确保标注符合标准。

## 五、特性栏

特性栏中有颜色控制、线型控制以及线宽控制。

**本章小结**

　　AutoCAD 的辅助工具在实践操作中非常重要，使用频率高，如果长期绘制某一类型图纸，部分辅助工具容易遗忘，因此对辅助工具的操作平时要强化练习，熟练掌握，从使用功能上理解操作方法。本章内容重点了解 AutoCAD 界面上的菜单栏各种工具，图文并茂，提高学习的兴趣和效率。学习中如遇到遗忘的工具，可及时查阅、观看本书配套视频。

**课后练习题**

　　1. 了解设计中心与工具选项板的打开方式。

　　2. 尝试在图纸中运用查询工具确定图纸的面积。

　　3. 图块的属性有哪些？

　　4. 运用 AutoCAD 绘制图形，并进行成块。

　　5. 如何在图纸中创建合适的表格？

　　6. 选择一份设计图纸，并为其标注文字和尺寸。

　　7. AutoCAD 中的标准栏包括哪些内容？

　　8. AutoCAD 中的样式栏包括哪些内容？

　　9. 选择一份 AutoCAD 图纸，对其样式进行修改和创建。

　　10. AutoCAD 中的绘图栏包括哪些内容？

　　11. AutoCAD 中的绘图次序栏包括哪些内容？

　　12. AutoCAD 中的特性栏包括哪些内容？

# 第五章
# 平面图绘制

**学习难度：** ★★★★☆

**重点概念：** 平面图、地坪图、顶面图

**章节导读：** AutoCAD可以绘制各类室内外设计图纸，能够完成与之相关的工作任务。平面图是最常见的图纸种类，一般分为平面布置图与顶面布置图，是各种空间、构造设计的基本图纸。本章以某一住宅为例，主要详细介绍平面图、地坪图、顶面图的绘制方法。通过本章内容的学习，初学者能够对绘制平面图有基本了解，增强学习兴趣。

## 第一节　建筑平面图前期绘制

### 一、绘制前准备

图 5-1 为本节以及后续节次的参考图例，本节主要介绍绘制建筑平面图时的准备和绘制步骤。

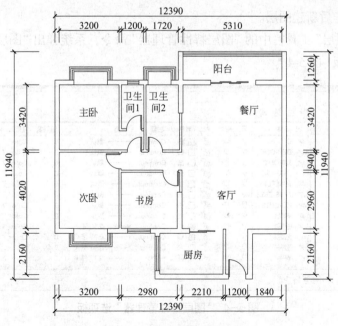

图5-1　建筑原始平面图

## 1. 新建文件

打开 AutoCAD 应用程序，单击"标准"工具栏中的"新建"命令，系统弹出"选择样板"对话框，选择"acadiso.dwt"为样板文件建立新文件（图 5-2）。

## 2. 调整图形设置

选择菜单栏中的"格式"→"单位"命令，打开"图形单位"对话框，设置长度"类型"为"小数"，"精度"设置为 0；并设置角度"类型"为"十进制度数"，"精度"为 0；保持系统默认方向为逆时针，设置插入时的缩放单位为"毫米"（图 5-3）。

图5-2 "选择样板"对话框

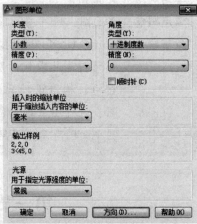

图5-3 "图形单位"对话框并
进行设置

## 3. 设置图形界限

在命令行中输入 LIMITS，设置图幅尺寸为 420000mm×297000mm。

## 4. 设置并调整图层

（1）设置完毕后新建图层。

（2）单击"图层"工具栏中的"图层特性管理器"命令，系统弹出"图层特性管理器"选项板（图 5-4）。

二维码 54

图5-4 "图层特性管理器"选项板

（3）单击"图层特性管理器"选项板中的"新建图层"命令，并新建图层（图 5-5）。

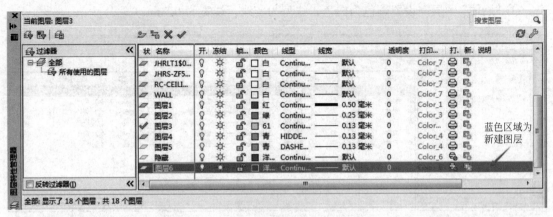

图5-5 新建图层

（4）将新建图层的名称修改为"轴线"，并根据需要修改线型和线宽。

（5）单击新建的"轴线"图层中"颜色"栏中的色块，系统会弹出"选择颜色"对话框，根据需要选择红色为"轴线"图层的默认颜色，单击"确定"按钮（图 5-6）。

（6）单击"轴线"图层中的"线型"栏，系统会弹出"选择线型"对话框（图 5-7）。轴线一般在绘图中应用点画线的形式进行绘制，所以将"轴线"图层的默认线型设为 CENTER2。单击"加载"命令，系统弹出"加载或重载线型"对话框（图 5-8）。

图5-6 "选择颜色"对话框

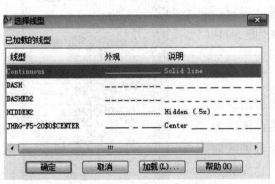

图5-7 "选择线型"对话框

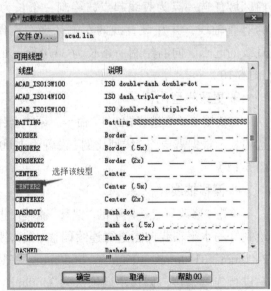

图5-8 "加载或重载线型"对话框

（7）采用相同的方法按照以下说明新建其他所需图层（图 5-9）。

① "墙体"图层。设置颜色为白色，线型为实线，线宽为 0.5mm。

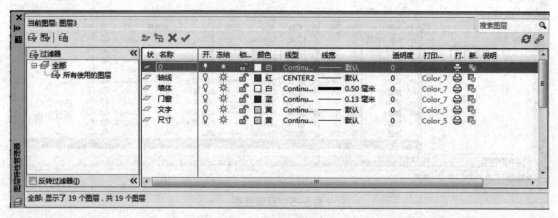

图5-9　设置图层完成

② "门窗"图层。设置颜色为蓝色，线型为实线，线宽为 0.13mm。

③ "文字"图层。设置颜色为黄色，线型为实线，线宽为默认。

④ "尺寸"图层。设置颜色为黄色，线型为实线，线宽为默认。

## 二、绘制轴线

### 1. 设置图层

在"图层"工具栏中选择之前设置好的"轴线"图层作为当前图层。

### 2. 绘制横、纵轴线

单击"绘图"工具栏中的"直线"命令，在图中空白区域任选一点为直线起点，绘制一条长为 18500mm 的竖直轴线，并在该直线的左侧任选一点作为下一条直线的起点，向右绘制一条长为 34700mm 的水平轴线（图 5-10）。

图5-10　绘制竖直轴线和水平轴线

### 3. 更改线型比例

在快捷菜单中选择"特性"命令，系统会弹出"特性"选项板，根据需要将"线型比例"设置为 1200（图 5-11、图 5-12）。

### 4. 偏移轴线

单击"修改"工具栏中的"偏移"命令，根据需要将绘制好的水平轴线向上进行连续偏移，偏移距离依次为 2400mm、3140mm、1060mm、3600mm，将竖直轴线向右进行连续偏移，偏移距离依次为 3380mm、1320mm、1900mm、2175mm、1535mm、1840mm（图 5-13）。

图5-11　"特性"选项板并进行设置

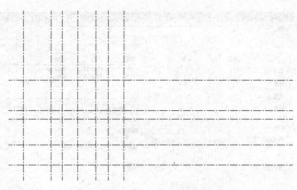

图5-12　调整后的轴线　　　　　　　　图5-13　偏移轴线

## 三、绘制墙线

### 1. 设置图层

在"图层"工具栏中选择"墙体"图层为当前图层。

### 2. 根据需要设置多线样式

（1）选择"格式"→"多线样式"命令，打开"多线样式"对话框（图5-14）。

（2）单击鼠标右键，单击"新建"按钮，打开"创建新的多线样式"对话框并在"新样式名"文本框输入"240"，并将其作为多线的名称（图5-15）。

（3）单击"继续"按钮，打开"新建多线样式：240"对话框，并将偏移距离分别设置为"120"和"-120"，单击"确定"按钮回到"多线样式"对话框，单击"置为当前"按钮，将创建的多线样式设置为当前的多线样式，单击"确定"按钮设置完成（图5-16）。

### 3. 绘制外墙线

（1）选择"绘图"→"多线"命令，根据设计草图绘制建筑平面图中的240mm厚的墙体。

（2）根据需要设置多线样式为"240"，选择对正模式为无，并输入多线比例为1，在命令行提示"指定起点或【对正（J）→比例（S）→样式（ST）】："后选择之前绘制的竖直轴线下端点向上绘制墙线，并利用同样的方法绘制出剩余240mm厚墙体的绘制（图5-17）。

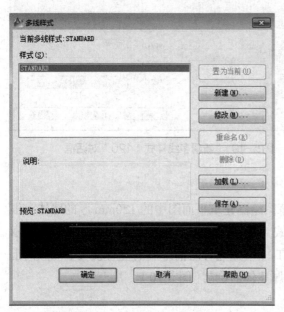

图5-14　"多线样式"对话框

图5-15　"创建新的多线样式"对话框

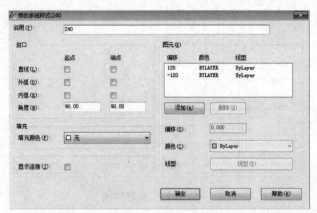

图5-16 "新建多线样式：240"对话框　　图5-17 绘制240mm厚的墙体

### 4. 根据需要设置多线样式

（1）选择"格式"→"多线样式"命令，打开"多线样式"对话框。

（2）单击鼠标右键，单击"新建"按钮，打开"创建新的多线样式"对话框并在"新样式名"文本框输入"120"，并将其作为多线的名称（图5-18）。

（3）单击"继续"按钮，打开"新建多线样式：120"对话框，并将偏移距离分别设置为"60"和"-60"，单击"确定"按钮回到"多线样式"对话框，单击"置为当前"按钮，将创建的多线样式设置为当前的多线样式，单击"确定"按钮设置完成（图5-19）。

图5-18 "创建新的多线样式"对话框　　图5-19 "新建多线样式：120"对话框

### 5. 绘制内墙线

选择"绘图"→"多线"命令，根据设计草图绘制建筑平面图中的120mm厚的墙体。根据需要设置多线样式为"120"，选择对正模式为无，并输入多线比例为1，在命令行提示"指定起点或【对正（J）→比例（S）→样式（ST）】："后选择之前绘制的竖直轴线下端点向上绘制墙线，并用同样方法绘制出剩余240mm厚墙体的绘制（图5-20）。

### 6. 修剪墙体

选择"修改"→"对象"→"多线"命令，系统会弹出"多线编辑工具"对话框，单击"T

形打开"选项，选取多线进行操作，使墙体贯穿，完成修剪（图5-21、图5-22）。

**7. 偏移并修剪墙线**

（1）关闭"轴线"图层，单击"修改"工具栏中的"分解"命令，选择步骤六中绘制的墙线为分解对象，对其进行分解。单击"修改"工具栏中的"偏移"命令，根据设计草图选择图5-23中的竖直墙线向右进行连续偏移，偏移距离依次为387mm、387mm、1800mm。

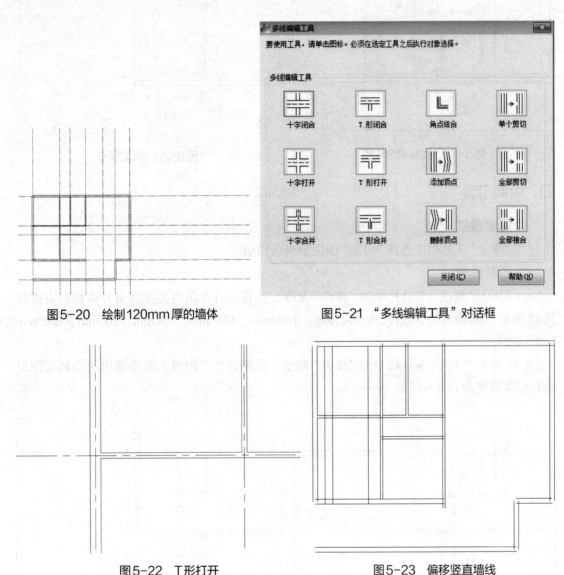

图5-20　绘制120mm厚的墙体　　　　图5-21　"多线编辑工具"对话框

图5-22　T形打开　　　　　　　　　　图5-23　偏移竖直墙线

（2）单击"修改"工具栏中的"偏移"命令，根据设计草图在上级步骤的基础上将前面偏移后的竖直墙线向右再次进行连续偏移，偏移距离依次为2561mm、240mm、3375mm、120mm，将水平墙线向上偏移1500mm（图5-24）。

（3）单击"修改"工具栏中的"修剪"命令，根据设计草图对上级步骤中所绘制的图形进行修剪并整理（图5-25）。

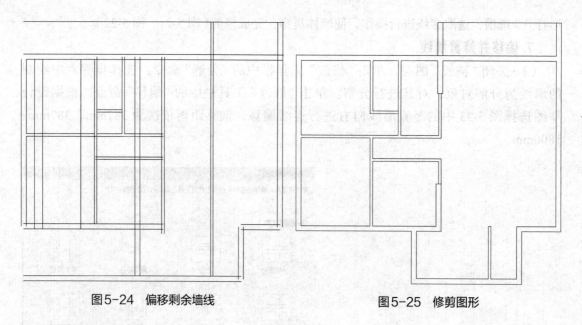

图5-24 偏移剩余墙线

图5-25 修剪图形

## 四、绘制门窗

### 1. 设置图层

在"图层"工具栏中选择"门窗"图层为当前图层。

### 2. 绘制窗洞

（1）单击"修改"工具栏中的"偏移"命令，根据设计草图将左侧竖直外墙线向右进行连续偏移，其偏移距离依次为1025mm、1800mm、1080mm、600mm、500mm、1200mm（图5-26）。

（2）单击"修改"工具栏中的"修剪"命令，根据设计草图将上级步骤中所绘制的图形进行修剪并整理（图5-27）。

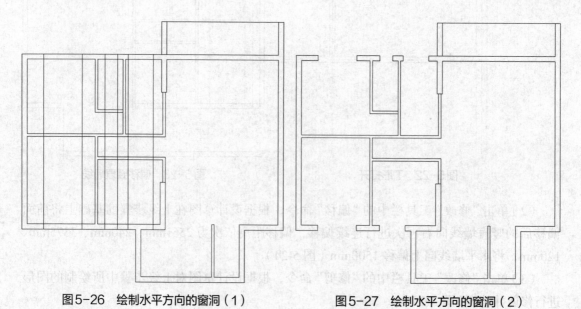

图5-26 绘制水平方向的窗洞（1）

图5-27 绘制水平方向的窗洞（2）

（3）利用上述所讲方法绘制竖直方向的窗洞并进行整理（图5-28）。

### 3. 绘制飘窗及其窗线

（1）单击"修改"工具栏中的"偏移"命令，根据设计草图将所需水平内墙线向外偏移700mm，单击"绘图"工具栏中的"直线"命令，在偏移线段的两侧各绘制一条垂直线段，并根据设计草图进行修剪（图5-29）。

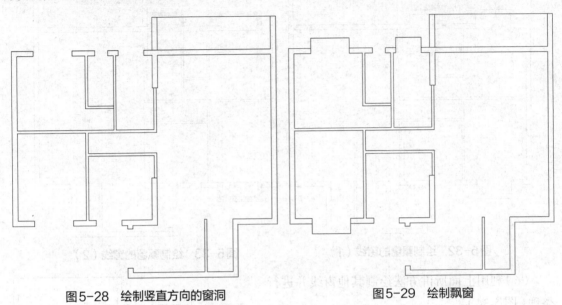

图5-28 绘制竖直方向的窗洞　　　　　　　　图5-29 绘制飘窗

（2）单击鼠标右键，单击"新建"按钮，打开"创建新的多线样式"对话框并在"新样式名"文本框输入"飘窗"，并将其作为多线的名称（图5-30）。

（3）单击"继续"按钮，打开"新建多线样式：飘窗"对话框，并将偏移距离分别设置为"0"和"240"，单击"确定"按钮回到"多线样式"对话框，单击"置为当前"按钮，将创建的多线样式设置为当前的多线样式，单击"确定"按钮设置完成（图5-31）。

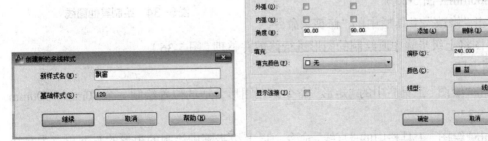

图5-30 "创建新的多线样式"对话框　　　　图5-31 "新建多线样式：飘窗"对话框

（4）选择"绘图"→"多线"命令，根据设计草图在窗洞内绘制飘窗的窗线（图5-32）。

（5）单击"修改"工具栏中的"分解"命令，选择上级步骤中绘制的窗线为分解对象，单击"修改"工具栏中的"偏移"命令，根据设计草图将所需水平窗线向外连续偏移两次，偏移距离均为80mm，将所需竖直窗线向外连续偏移两次，偏移距离均为60mm。单击"修改"工具栏中的"修剪"命令，根据设计草图将上级步骤中所绘制的图形进行修剪并整理（图5-33）。

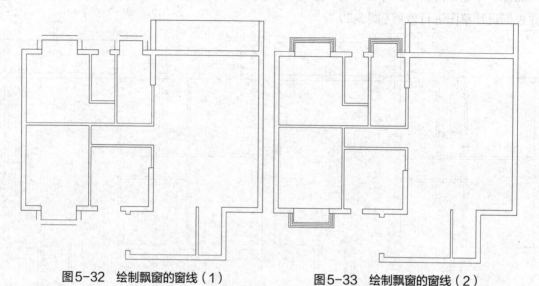

图5-32　绘制飘窗的窗线（1）　　　图5-33　绘制飘窗的窗线（2）

（6）利用上面所讲方法绘制其他窗线并进行整理（图5-34）。

### 4. 绘制门洞

（1）单击"修改"工具栏中的"偏移"命令，根据设计草图将所需竖直外墙线按图5-35所示向右进行连续偏移，偏移距离依次为3845mm、50mm、750mm、360mm、750mm、35mm、800mm、600mm、1125mm、515mm、470mm、900mm、515mm，将所需水平内墙线按图5-35所示向上进行连续偏移，偏移距离依次为3145mm、800mm（图5-35）。

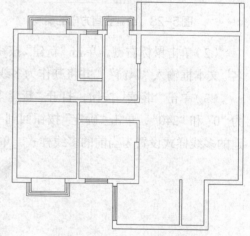

图5-34　绘制其他窗线

（2）单击"修改"工具栏中的"修剪"命令，根据设计草图将上级步骤中所绘制的图形进行修剪并整理（图5-36）。

### 5. 绘制大门

（1）单击"绘图"工具栏中的"矩形"命令，在图形合适的位置绘制一个40mm×900mm的矩形（图5-37）。

（2）单击"绘图"工具栏中的"直线"命令，以上级步骤中绘制的矩形的右下角点为直线起点向右绘制一条长度为860mm的直线段。单击"绘图"工具栏中的"圆弧"命令，以"起点，端点，角度"方式绘制圆弧（图5-38）。

（3）单击"绘图"工具栏中的"创建块"命令，系统弹出"块定义"对话框，选择上级步

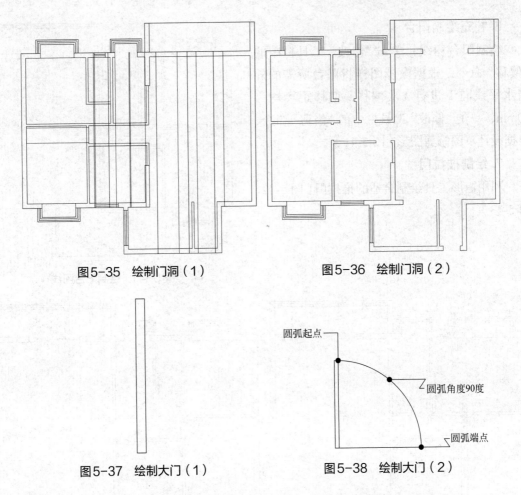

图5-35 绘制门洞（1）　　　　　　图5-36 绘制门洞（2）

图5-37 绘制大门（1）　　　　　　图5-38 绘制大门（2）

骤中的绘制的大门为定义对象，选择任意点为基点，将其定义为块。

（4）单击"修改"工具栏中的"移动"命令，根据设计草图将上级步骤中绘制好的大门移动至修剪好的门洞内（图 5-39）。

（5）根据上述方法绘制其他门并根据设计草图将其放置于修剪好的门洞内（图 5-40）。

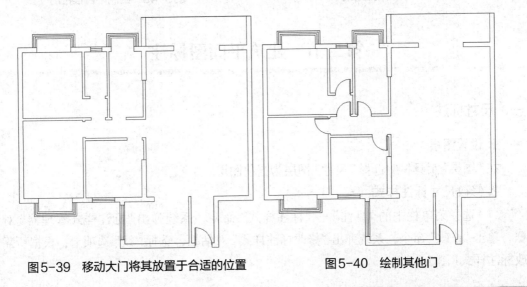

图5-39 移动大门将其放置于合适的位置　　　　图5-40 绘制其他门

### 6. 补充绘制阳台

绘制阳台窗线，单击"修改"工具栏中的"偏移"命令，根据设计图样将阳台所需的外墙水平线向下进行3次偏移，偏移距离均为80mm，单击"修改"工具栏中的"修剪"命令，根据设计草图修剪图形（图5-41）。

### 7. 绘制推拉门

利用矩形工具绘制合适的推拉门（图5-42、图5-43）。

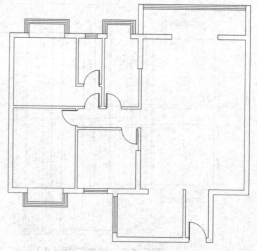

图5-41　绘制阳台窗线

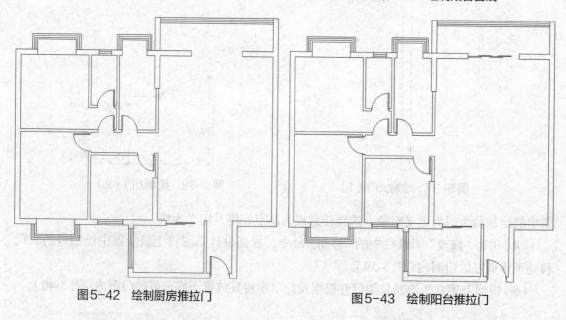

图5-42　绘制厨房推拉门　　　　　图5-43　绘制阳台推拉门

## 第二节　建筑平面图标注

## 一、尺寸标注

### 1. 设置图层

在"图层"工具栏中选择"尺寸"图层为当前图层。

### 2. 修改尺寸标注样式

（1）选择菜单栏中的"标注"→"标注样式"命令，系统弹出"标注样式管理器"对话框，单击"修改"命令，系统弹出"修改标注样式"对话框，选择"线"选项卡，根据所需修改标注样式（图5-44）。

（2）选择"符号和箭头"选项卡，根据所需进行设置（图 5-45）。将箭头样式选择为"建筑标记"，将"箭头大小"设置为 200，其他设置保持默认。

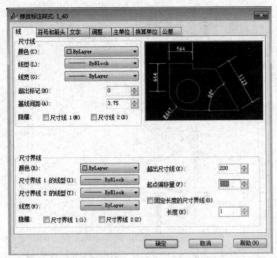

图5-44  设置"线"选项卡

图5-45  设置"符号和箭头"选项卡

（3）选择"文字"选项卡，将"文字高度"设置为 300，其他设置保持默认（图 5-46）。

（4）选择"主单位"选项卡，将"单位精度"设置为 0（图 5-47）。

图5-46  设置"文字"选项卡

图5-47  设置"主单位"选项卡

### 3. 开始标注

（1）在任意工具栏处单击鼠标右键，在弹出的快捷菜单中选择"标注"命令，将"标注"工具栏显示在屏幕上。

（2）单击"标注"工具栏中的"线性"命令和"连续"命令，根据设计草图为图形添加第一道尺寸标注（图 5-48）。

（3）单击"绘图"工具栏中的"直线"命令，在尺寸线合适位置绘制直线，选中尺寸线，移动尺寸线的钳夹点，将尺寸线端点移动至与直线垂直处，并根据设计草图删除多余尺寸线（图5-49）。

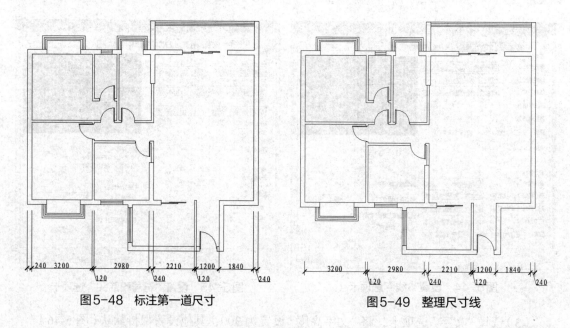

图5-48　标注第一道尺寸

图5-49　整理尺寸线

（4）单击"标注"工具栏中的"线性"命令和"连续"命令，根据设计草图为图形添加其他区域尺寸标注并根据上述方法进行整理（图5-50）。

（5）单击"标注"工具栏中的"线性"命令，根据设计草图添加总尺寸线，标注尺寸并整理（图5-51）。

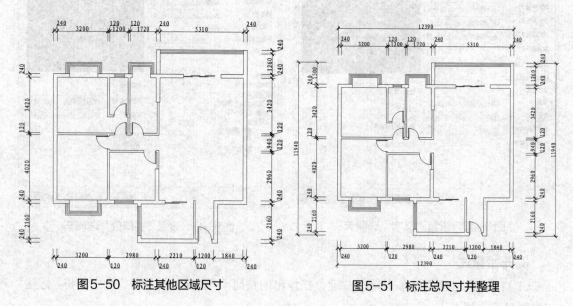

图5-50　标注其他区域尺寸

图5-51　标注总尺寸并整理

## 二、文字标注

### 1. 设置图层

在"图层"工具栏中选择"文字"图层为当前图层。

## 2. 修改文字样式

（1）选择"格式"→"文字样式"命令，系统弹出"文字样式"对话框，单击"新建"按钮，系统弹出"新建文字样式"对话框，将文字样式命名为"文字说明"（图5-52）。

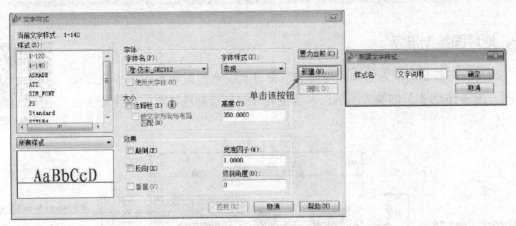

图5-52 "文字样式"和"新建文字样式"对话框

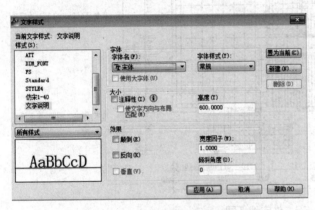

图5-53 "文字样式"对话框

（2）单击"确定"按钮，在"文字样式"对话框中取消选中"使用大字体"复选框，并设置字体为"宋体"，将"高度"设置为600（图5-53）。

（3）将"文字"图层设置为当前图层，单击"绘图"工具栏中的"多行文字"命令，根据需要添加文字说明并做适当调整（图5-54）。

（4）根据设计草图对图形进行再次整理与补充（图5-55）。

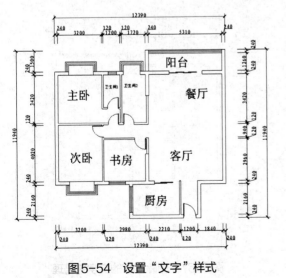

图5-54 设置"文字"样式

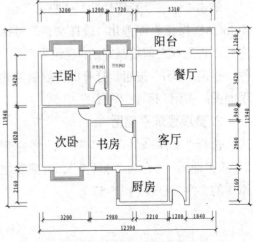

图5-55 建筑平面图绘制完成

# 第三节 地坪图前期绘制

## 一、地坪图绘制准备

地坪图一般是用于表达室内地面的造型以及纹饰图案布置的水平镜像投影图，图 5-56 为本节的参考图例，本节主要介绍在绘制地坪图的步骤及注意事项。

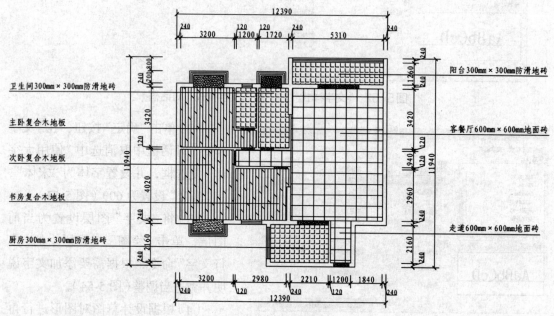

图 5-56 住宅地坪图

### 1. 打开建筑平面图

单击"标准"工具栏中的"打开"命令，AutoCAD 操作界面弹出"选择文件"对话框之后，再选择之前绘制好的"建筑平面图"文件，单击"打开"按钮，打开即将绘制的建筑平面图。关闭"标注"图层。

### 2. 整理建筑平面图

选择"文件→另存为"命令，将打开的"建筑平面图"另存为"地坪图"，并删除之前添加的文字并整理（图 5-57）。

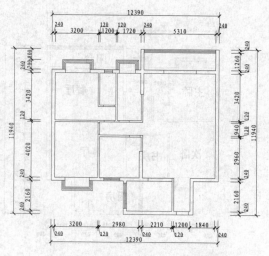

图 5-57 删除之前的文字并整理

## 二、绘制内容

### 1. 新建图层

关闭"标注"图层,新建"地坪"图层,并将其设置为当前图层。

### 2. 绘制客餐厅地面铺贴材料

(1)单击"绘图"工具栏中的"多段线"命令,根据设计草图围绕客餐厅内部区域绘制一段多段线(图5-58)。

(2)单击"绘图"工具栏中的"图案填充"命令,打开"图案填充和渐变色"对话框。单击"图案"选项后面的按钮,打开"填充图案选项板"对话框,选择"其他预定义"选项卡中的 NET 图案类型,单击"确定"按钮后退出(图5-59)。

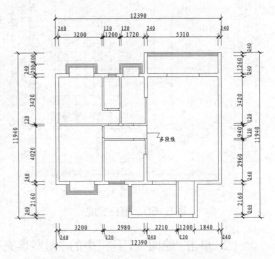

图5-58 绘制客餐厅地面铺贴材料

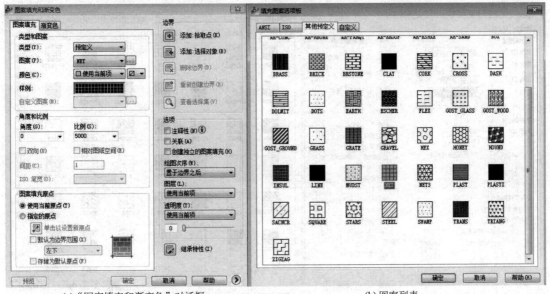

(a)"图案填充和渐变色"对话框      (b)图案列表

图5-59 "图案填充和渐变色"对话框与"填充图案选项板"对话框

(3)单击"图案填充和渐变色"对话框右侧的"添加:拾取点"命令,选择填充区域后单击"确定"按钮,系统将会回到"图案填充和渐变色"对话框,设置填充比例为5000,然后单击"确定"按钮完成图案填充(图5-60)。

### 3. 绘制阳台地面铺贴材料

(1)单击"绘图"工具栏中的"多段线"命令,根据设计草图围绕阳台内部区域绘制一段多段线(图5-61)。

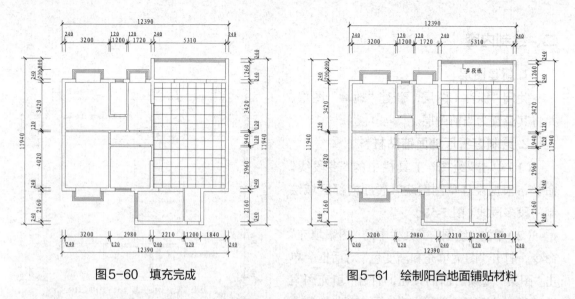

图5-60　填充完成　　　　　　　　　　图5-61　绘制阳台地面铺贴材料

（2）单击"绘图"工具栏中的"图案填充"命令，打开"图案填充和渐变色"对话框。单击"图案"选项后面的按钮，打开"填充图案选项板"对话框，选择"其他预定义"选项卡中的 ANGLE 图案类型，单击"确定"按钮后退出（图 5-62）。

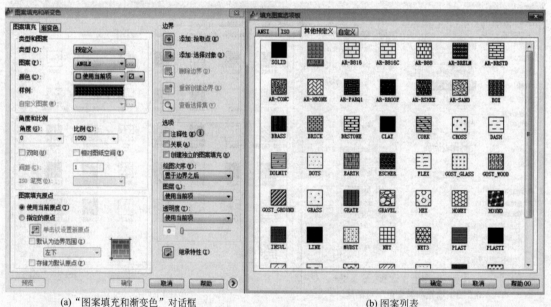

(a)"图案填充和渐变色"对话框　　　　　　　(b)图案列表

图5-62　选择所要填充的图案

（3）单击"图案填充和渐变色"对话框右侧的"添加：拾取点"命令，选择填充区域后单击"确定"按钮，系统将会回到"图案填充和渐变色"对话框，设置填充比例为 1050，然后单击"确定"按钮完成图案填充（图 5-63）。

**4. 绘制卫生间的辅助材料**

（1）单击"绘图"工具栏中的"多段线"命令，根据设计草图围绕卫生间二内部区域绘制一段多段线（图 5-64）。

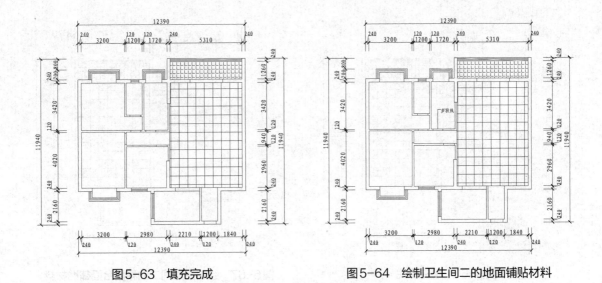

| 图5-63　填充完成 | 图5-64　绘制卫生间二的地面铺贴材料 |

（2）单击"绘图"工具栏中的"图案填充"命令，打开"图案填充和渐变色"对话框。单击"图案"选项后面的按钮，打开"填充图案选项板"对话框，选择"其他预定义"选项卡中的 ANGLE 图案类型，单击"确定"按钮后退出（图 5-65）。

（3）单击"图案填充和渐变色"对话框右侧的"添加：拾取点"命令，选择填充区域后单击"确定"按钮，系统将会回到"图案填充和渐变色"对话框，设置填充比例为1050，然后单击"确定"按钮完成图案填充（图 5-66）。

| (a)"图案填充和渐变色"对话框 | (b) 图案列表 |

图5-65　选择所要填充的图案

### 5.绘制卫生间二的飘窗台面铺贴材料

（1）单击"绘图"工具栏中的"多段线"命令，根据设计草图围绕卫生间二的飘窗台面绘制一段多段线（图 5-67）。

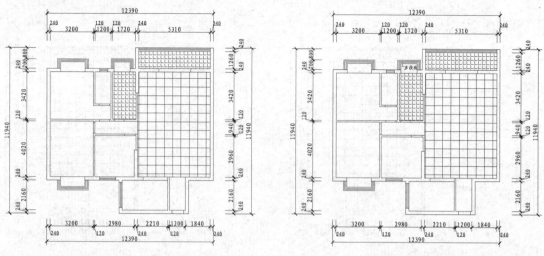

图5-66 填充完成          图5-67 绘制卫生间二的飘窗台面铺贴材料

（2）单击"绘图"工具栏中的"图案填充"命令，打开"图案填充和渐变色"对话框。单击"图案"选项后面的按钮，打开"填充图案选项板"对话框，选择"其他预定义"选项卡中的 AR-SAND 图案类型，单击"确定"按钮后退出（图 5-68）。

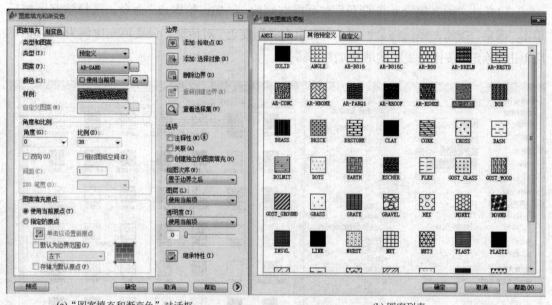

(a) "图案填充和渐变色"对话框          (b) 图案列表

图5-68 选择所要填充的图案

（3）单击"图案填充和渐变色"对话框右侧的"添加：拾取点"命令，选择填充区域后单击"确定"按钮，系统将会回到"图案填充和渐变色"对话框，设置填充比例为 38，然后单击"确定"按钮完成图案填充（图 5-69）。

### 6. 绘制卫生间一的地面铺贴材料方法

绘制方法与卫生间二的地面铺贴材料绘制相同，绘制后的结果如图 5-70 所示。

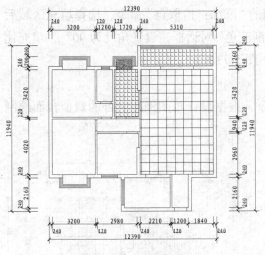

图5-69　填充完成

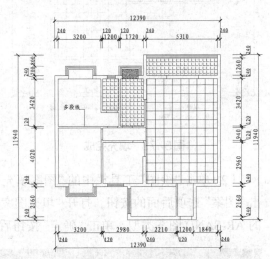

图5-70　绘制卫生间一的地面铺贴材料

### 7. 绘制主卧地面铺贴材料

（1）单击"绘图"工具栏中的"多段线"命令，根据设计草图围绕主卧的内部区域绘制一段多段线（图5-71）。

（2）单击"绘图"工具栏中的"图案填充"命令，打开"图案填充和渐变色"对话框。单击"图案"选项后面的按钮，打开"填充图案选项板"对话框，选择"其他预定义"选项卡中的 DOLMIT 图案类型，单击"确定"按钮后退出（图5-72）。

图5-71　绘制主卧地面铺贴材料

(a)"图案填充和渐变色"对话框　　　　　(b)图案列表

图5-72　选择所要填充的图案

（3）单击"图案填充和渐变色"对话框右侧的"添加：拾取点"命令，选择填充区域后单击"确定"按钮，系统将会回到"图案填充和渐变色"对话框，设置角度为90°，填充比例为700，然后单击"确定"按钮完成图案填充（图5-73）。

**8. 绘制主卧室的飘窗台面铺贴材料**

（1）单击"绘图"工具栏中的"多段线"命令，根据设计草图围绕主卧的飘窗台面绘制一段多段线（图5-74）。

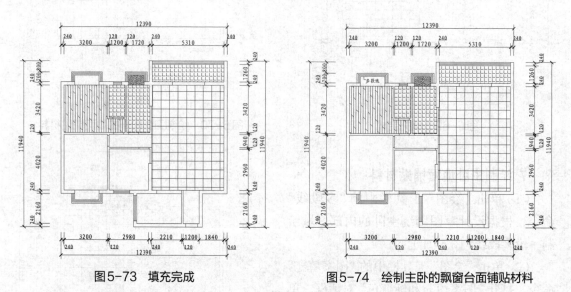

图5-73　填充完成　　　　　　　　　图5-74　绘制主卧的飘窗台面铺贴材料

（2）单击"绘图"工具栏中的"图案填充"命令，打开"图案填充和渐变色"对话框。单击"图案"选项后面的按钮，打开"填充图案选项板"对话框，选择"其他预定义"选项卡中的 AR-SAND 图案类型，单击"确定"按钮后退出（图5-75）。

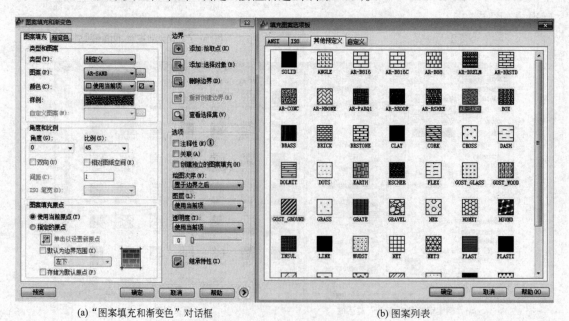

(a)"图案填充和渐变色"对话框　　　　　　　　　(b)图案列表

图5-75　选择所要填充的图案

（3）单击"图案填充和渐变色"对话框右侧的"添加：拾取点"命令，选择填充区域后单击"确定"按钮，系统将会回到"图案填充和渐变色"对话框，设置填充比例为45，然后单击确定按钮完成图案填充（图 5-76）。

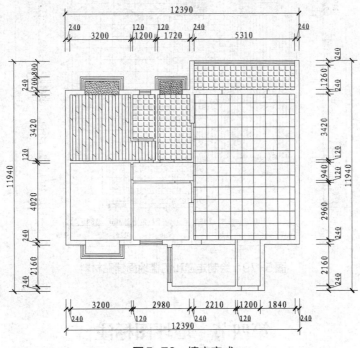

图5-76 填充完成

### 9. 绘制其他区域地面铺贴材料

（1）绘制次卧地面铺贴材料和书房地面铺贴材料的方法与主卧地面铺贴材料绘制相同，绘制结果如图 5-77 和图 5-78 所示。

（2）绘制走道和门槛铺贴材料时要根据设计草图，并利用上面介绍的方法进行绘制，绘制结果如图 5-79 所示。

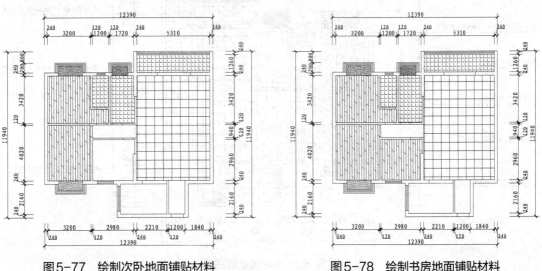

图5-77 绘制次卧地面铺贴材料　　　图5-78 绘制书房地面铺贴材料

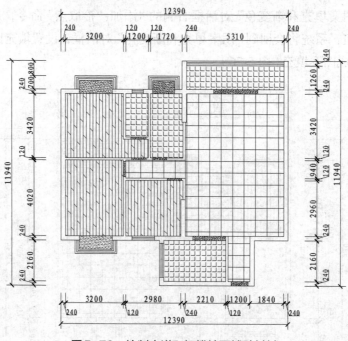

图5-79  绘制走道和门槛地面铺贴材料

# 第四节　地坪图标注

将"文字"图层设置为当前图层，在命令行输入"QLEADER"命令，根据设计草图为图形添加文字说明（图 5-80）。

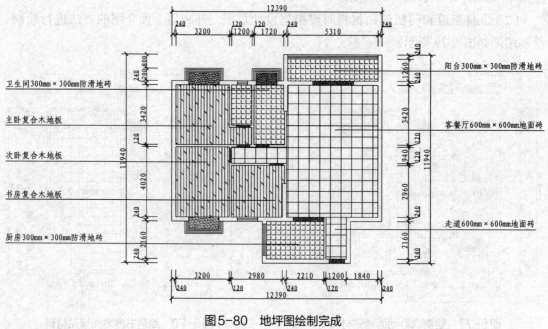

图5-80  地坪图绘制完成

# 第五节 顶面图前期绘制

为了突出宽敞明亮的总体氛围，顶面通常采用轻钢龙骨、纸面石膏板吊顶来装饰，并配以白色乳胶漆刷涂，而卫生间为了防止溅水，通常采用防水纸面石膏板吊顶来装饰顶面。顶面高度总体原则是保持在3000mm左右，如果太低，则会使整体空间显得非常压抑，会给人一种紧张感，容易使人精神紧绷，太高则会导致灯光的照射出现问题。一般大厅顶面装饰高度要相对高一点，这样会显得整体空间相对比较高大敞亮。而卫生间由于有管道和通风设施。其顶面装饰一般相对较低。本节将以单个空间的顶面图（图5-81）为例详细介绍其绘制过程。

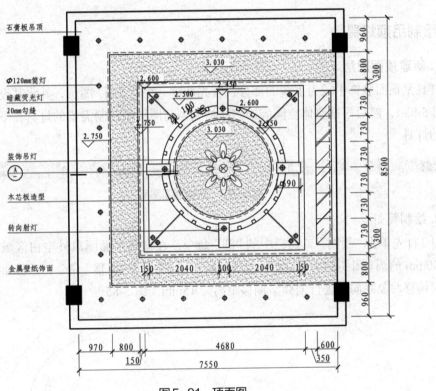

图5-81 顶面图

## 一、顶面图绘制准备

### 1.打开建筑平面图
单击"标准"工具栏中的"打开"命令，计算机操作界面弹出"选择文件"对话框之后，再选择"源文件→建筑平面图"文件，单击"打开"按钮，打开即将绘制的建筑平面图。

### 2.另存文件并整理
（1）选择"文件→另存为"命令，将打开的"建筑平面图"另存为"顶面平面图"。

（2）另存为"顶面平面图"之后单击"修改"工具栏的"删除"命令，将建筑平面图中的多余部分删减掉，再结合书中所学命令对图形进行整理，最后关闭"标注"图层（图5-82）。

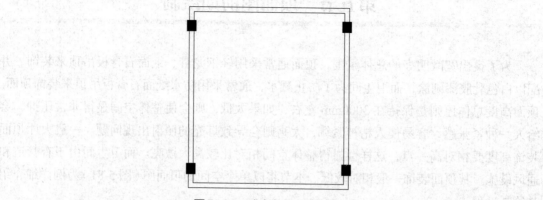

图5-82　准备好顶栅平面图

## 二、绘制吊顶灯具

### 1. 新建顶面图层

灯具是顶面装饰中较为重要的部分，首先新建一个"顶面"图层，并将其设置为当前图层（图5-83），然后根据整体空间装饰的风格在当前图层中绘制需要的灯具，下面介绍需要绘制的灯具。

图5-83　新建顶面图层

### 2. 绘制筒灯

（1）首先单击"绘图"工具栏中的"圆"命令，在建筑平面图以外空白区域绘制一个半径为60mm的圆（图5-84）。其次单击"修改"工具栏中的"偏移"命令，选择事先绘制好的圆作为偏移对象并向内进行偏移，偏移距离为15mm（图5-85）。

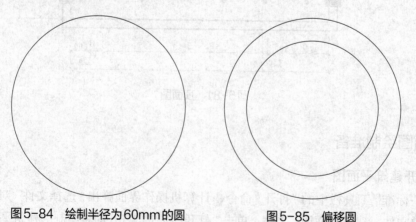

图5-84　绘制半径为60mm的圆　　　　图5-85　偏移圆

（2）单击"绘图"工具栏中的"块／创建块"命令，界面会弹出"块定义"对话框（图5-86）。选择绘制好的图形为定义对象，选择任意点位基点，并将图形定义为块，块名为

"$\phi$120mm 筒灯"最后单击"确定"按钮。

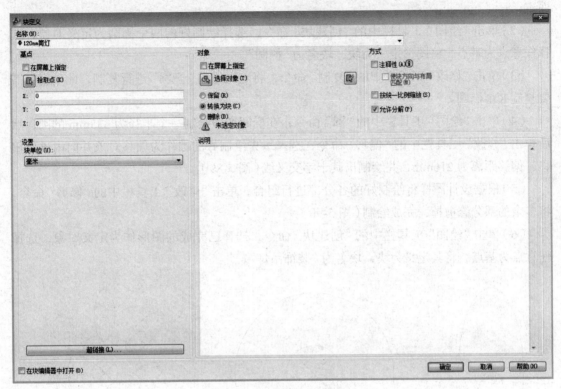

图5-86 "块定义"对话框

（3）单击"绘图"工具栏中的"直线"命令，以绘制好的圆的圆心为中心绘制筒灯的十字交叉线（图5-87）。

（4）利用同样的方法可定义半径为75mm、80mm的其他所需筒灯。

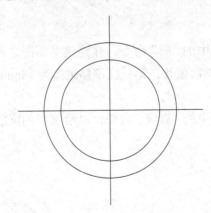

图5-87 绘制直线作为筒灯的十字交叉线

### 3. 绘制装饰吊灯

顶面图中所用装饰吊灯根据装饰风格的不同，其装饰吊灯的造型也各不相同，下面介绍其中一种装饰吊灯的具体绘制步骤。

（1）单击"绘图"工具栏中的"椭圆／圆心（或轴、端点）"命令，根据设计需要绘制椭圆，并在原有椭圆基础上绘制出半径相对大一倍的椭圆（图5-88），具体尺寸根据设计图样而定。

（2）单击"绘图"工具栏中的"创建块"命令，选择绘制好的两个椭圆为定义对象，选择任意点为基点，将图形定义为块，块名为"椭圆"。

（3）单击"修改"工具栏中的"复制"命令，将定义好的"椭圆"进行复制，此处根据需要复制8个椭圆。

（4）单击"绘图"工具栏中的"圆"命令，在椭圆旁边绘制一个半径为333mm的圆，然后单击"修改"工具栏中的"偏移"命令，选择事先绘制好的圆作为偏移对象并向内进行偏移，偏移距离为216mm，并绘制出其十字交叉线（图5-89）。

（5）根据设计图样将绘制好的各分部进行组合，单击"修改"工具栏中的"修剪"命令，将多余的部分修剪掉，完成绘制（图5-90）。

（6）单击"绘图"工具栏中的"创建块"命令，选择已完成的图形作为定义对象，选择任意点为基点，将其定义为块，块名为"装饰吊灯"。

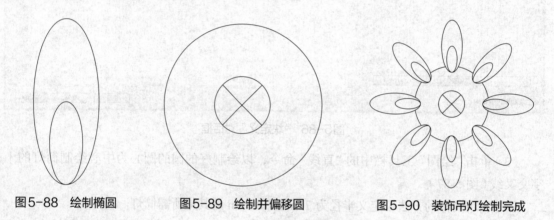

图5-88 绘制椭圆　　　　图5-89 绘制并偏移圆　　　　图5-90 装饰吊灯绘制完成

### 4. 绘制转向射灯

（1）单击"绘图"工具栏中的"圆"命令，在建筑平面图之外的空白区域绘制一个半径为72mm的圆，并向内进行两次偏移，第一次偏移距离为18mm，第二次偏移距离为30mm（图5-91）。

（2）单击"绘图"工具栏中的"直线"命令，以绘制好的圆的圆心线为基准绘制转向射灯的十字交叉线（图5-92）。

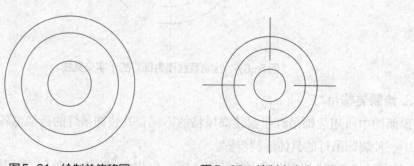

图5-91 绘制并偏移圆　　　　图5-92 绘制十字交叉线

（3）单击"绘图"工具栏中的"图案填充"命令，打开"图案填充和渐变色"对话框。单击"图案"选项后面的按钮，打开"填充图案选项板"对话框，选择"其他预定义"中的SOLID图案类型，单击"确定"按钮后退出（图5-93）。

（4）单击"图案填充和渐变色"对话框右侧的"添加：拾取点"命令，选择填充区域后单击"确定"按钮，系统将会回到"图案填充和渐变色"对话框，设置填充比例为1，然后单击"确定"按钮完成图案填充（图5-94）。

（5）单击"绘图"工具栏中的"创建块"命令，选择已完成的图形作为定义对象，选择任意点为基点，将其定义为块，块名为"转向射灯"。

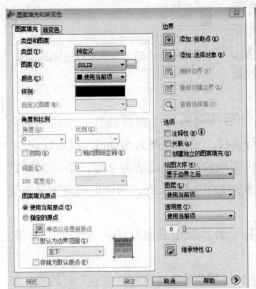 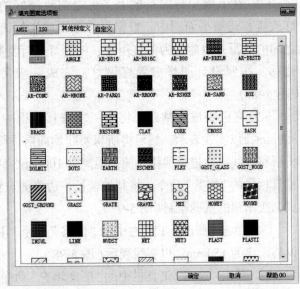

(a)"图案填充和渐变色"对话框　　　　　　　　(b) 图案列表

图5-93　选择所要填充的图案

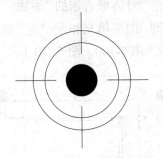

图5-94　转向射灯绘制完成

## 三、顶面图案绘制步骤

顶面装饰除去灯具之外，还需要考虑到吊顶以及其他顶面装饰。下面详细介绍部分空间顶面图中绘制顶面图案的具体操作步骤，但并不作为统一标准，此处均为图例尺寸，具体根据实际设计图样而定。

### 1. 筒灯区域图案绘制

（1）单击"修改"工具栏中的"偏移"命令，以内墙线为基准向内进行偏移，偏移距离为910mm，以虚线表示。在此基础上再次向内进行偏移，偏移距离为50mm，以实线表示。单击"修改"工具栏中的"修剪"命令，删减掉多余的部分（图5-95），确定出安装筒灯的位置，此处内墙线与虚线间隔的地方为安装筒灯的区域。

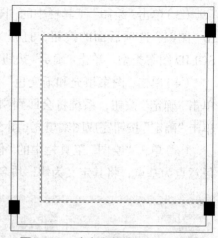

图5-95　确定安装筒灯的顶面区域

（2）在上级步骤的基础上，将之前绘制好的筒灯放置在建筑平面图中，根据设计草图确定好筒灯之间的间距并以此作为偏移距离，将筒灯进行复制、偏移，按照设计图样放置好筒灯，完成一级吊顶（图5-96）。

（3）在已完成的基础上将第一次偏移所得的实线均向内再次进行偏移，偏移距离为800mm，以实线表示。然后将所得实线均向内进行偏移，偏移距离为50mm，以虚线表示。将所得虚线再次进行偏移，偏移距离为100mm，以实线表示。以短边为基准，单击"修改"工具栏中的"修剪"命令，将其他较长一边修剪至和短边相同的长度，即修剪成正方形，完成二级吊顶的基础绘制（图5-97）。

（4）单击"修改"工具栏中的"偏移"命令，将上级步骤中绘制好的正方形进行偏移，偏移距离为150mm，以实线表示（图5-98）。

（5）单击"绘图"工具栏中的"图案填充"命令，打开"图案填充和渐变色"对话框。单击"图案"选项后面的命令，打开"填充图案选项板"对话框，选择"其他预定义"选项卡中的AR-SAND图案类型，单击"确定"按钮后退出（图5-99）。

（6）单击"图案填充和渐变色"对话框右侧的"添加：拾取点"命令，选择填充区域后单击"确定"按钮，系统将会回到"图案填充和渐变色"对话框，设置填充比例为120，然后单击"确定"按钮完成图案填充（图5-100、图5-101）。

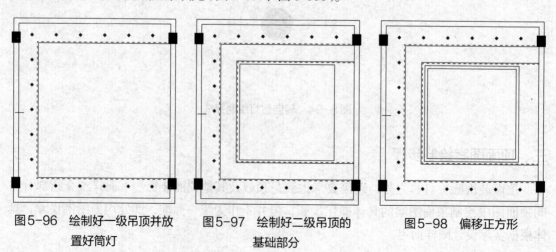

图5-96　绘制好一级吊顶并放置好筒灯

图5-97　绘制好二级吊顶的基础部分

图5-98　偏移正方形

(a)"图案填充和渐变色"对话框      (b)图案列表

图5-99 选择所要填充的图案

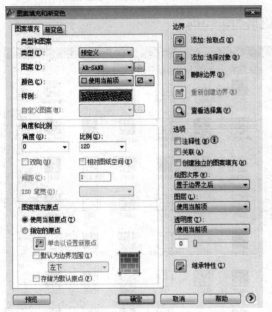

图5-100 "图案填充和渐变色"对话框      图5-101 图案填充完成

（7）以偏移后的矩形宽度作为矩形的长，单击"绘图"工具栏中的"矩形"命令，绘制一个长度为4380mm、宽度为600mm的矩形，单击"修改"工具栏中的"移动"命令，将该矩形移动至内墙线处，并与上级步骤中二次偏移后的正方形对齐（图5-102）

（8）单击"修改"工具栏中的"分解"命令，将上级步骤中绘制好的矩形进行分解，单击"修改"工具栏中的"偏移"命令，将矩形长边向右进行偏移，偏移距离为400mm，以虚线表示，在此基础上进行二次偏移，偏移距离为50mm，以实线表示（图5-103）。

（9）单击"绘图"工具栏中的"图案填充"命令，打开"图案填充和渐变色"对话框。单击"图案"选项后面的命令，打开"填充图案选项板"对话框，选择"其他预定义"选项卡中

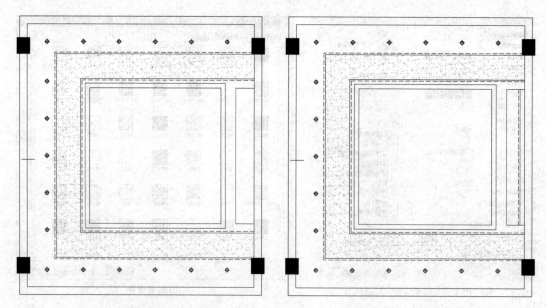

图5-102 绘制并移动矩形

图5-103 分解并偏移图形

的 AR-RROOF 图案类型，单击"确定"按钮后退出（图5-104）。

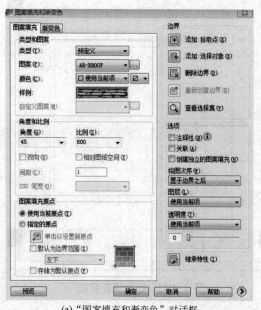

(a)"图案填充和渐变色"对话框

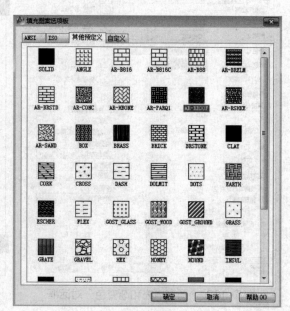

(b)图案列表

图5-104 选择所要填充的图案

（10）单击"图案填充和渐变色"对话框右侧的"添加：拾取点"按钮，选择填充区域后单击"确定"按钮，系统将会回到"图案填充和渐变色"对话框，设置填充比例为600，角度为45°（角度没有特殊要求时均为0），然后单击"确定"按钮完成图案填充（图5-105）。

（11）在前面几步的基础上以矩形水平短边为基础边向下进行连续偏移，偏移距离均为730mm（图5-106），单击"修改"工具栏中的"修剪"命令，将根据设计草图多余部分修剪掉。

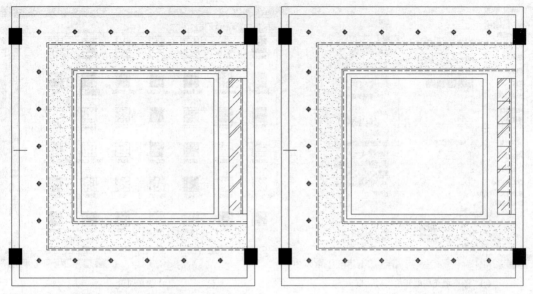

图5-105　完成图案填充　　　　　　　　　图5-106　偏移并修剪图形

**2. 装饰吊灯区域图案绘制**

（1）单击"绘图"工具栏中的"圆"命令，绘制一个半径为1800mm的圆，将此圆放置于正方形的中心，单击"修改"工具栏中的"偏移"命令，将绘制好的圆偏移，第一次偏移距离为200mm，第二次偏移距离为150mm，以虚线表示，第三次偏移距离为50mm，以实线表示（图5-107）。

（2）将之前绘制好的装饰吊灯放置于圆的中心，记住要统一中心（图5-108）。

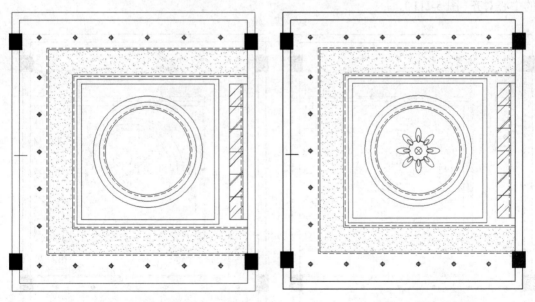

图5-107　绘制并偏移中心圆　　　　　　　图5-108　放置好装饰吊灯

（3）单击"绘图"工具栏中的"图案填充"命令，打开"图案填充和渐变色"对话框。单击"图案"选项后面的命令，打开"填充图案选项板"对话框，选择"其他预定义"选项卡中的 AR-SAND 图案类型，单击"确定"按钮后退出（图5-109）。

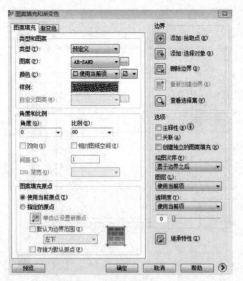

(a)"图案填充和渐变色"对话框

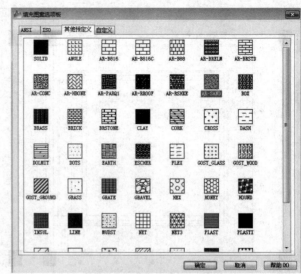

(b)图案列表

图5-109 选择圆内所要填充的图案

（4）单击"图案填充和渐变色"对话框右侧的"添加：拾取点"命令，选择填充区域后单击"确定"按钮，系统将会回到"图案填充和渐变色"对话框，设置填充比例为80，然后单击"确定"按钮完成图案填充并整理（图5-110）。

（5）单击"绘图"工具栏中的"矩形"命令，绘制一个长为690mm，宽为300mm的矩形（该矩形为转向射灯安装区域），根据设计草图将矩形水平边的中心与圆外正方形的水平边的中心对齐（图5-111）。

图5-110 完成图案填充并整理　　　　图5-111 将矩形进行偏移、对齐

（6）单击"修改"工具栏中的"镜像"命令，根据设计草图将上级步骤中绘制好的矩形进行镜像（图5-112）。

（7）单击"修改"工具栏中的"分解"命令，将绘制好的矩形分解，单击"修改"工具栏中的"偏移"命令，将矩形的下水平短边均向下偏移50mm，并连接好水平边与竖直边（图5-113）。

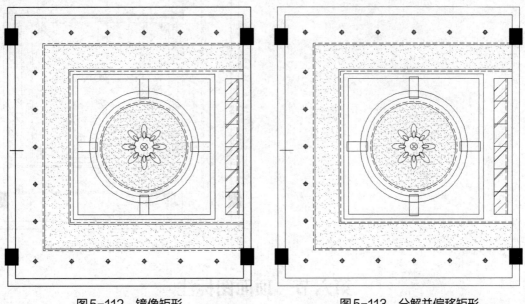

图5-112  镜像矩形                    图5-113  分解并偏移矩形

（8）单击"修改"工具栏中的"修剪"命令，将根据设计草图多余部分修剪掉，然后单击"修改"工具栏中的"复制"命令，将转向射灯进行复制，按照设计草图放置好转向射灯（图5-114）。

（9）单击"绘图"工具栏中的"矩形"命令，绘制一个长宽均为100mm的正方形，单击"修改"工具栏中的"旋转"命令，将绘制好的正方形根据设计草图紧贴第一个圆放置好，单击"绘图"工具栏中的"环形阵列"命令，根据设计草图以第一个圆为圆心进行环形阵列（图5-115）。

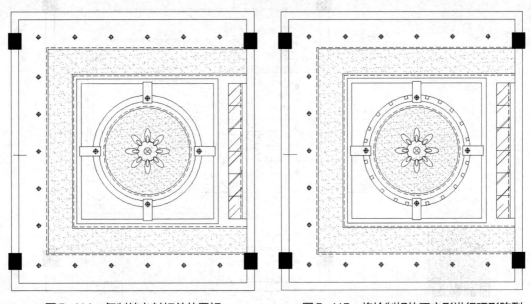

图5-114  复制转向射灯并放置好         图5-115  将绘制好的正方形进行环形阵列

（10）根据设计草图将剩余部分绘制完成
（图5-116）。

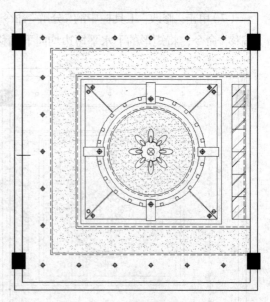

图5-116　顶面图案绘制完成

# 第六节　顶面图标注

## 一、文字说明

首先将"文字"图层设为当前图层，单击"绘图"工具栏中的"多行文字"命令，为图形添加顶面材料说明（图5-117）。

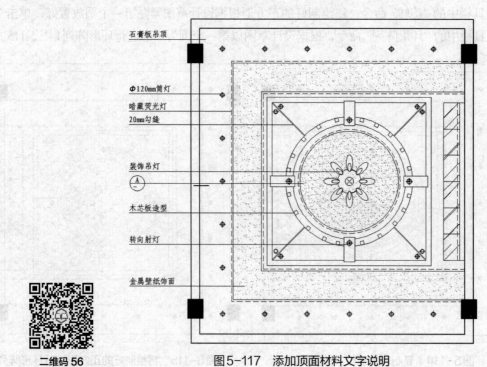

石膏板吊顶

Φ120mm筒灯

暗藏荧光灯

20mm勾缝

装饰吊灯

木芯板造型

转向射灯

金属壁纸饰面

二维码56

图5-117　添加顶面材料文字说明

## 二、标高

单击"绘图"工具栏中的"多行文字"命令，为该顶面图添加标高（图5-118）。

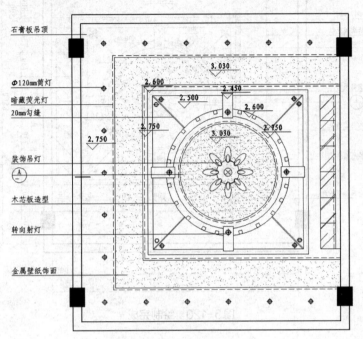

图5-118　添加标高

## 三、尺寸标注

（1）单击"图层"工具栏中的"图层"命令新建"尺寸"图层，并将其设置为当前图层。

（2）单击菜单栏中的"标注"和"标注样式"命令，系统弹出"标注样式管理器"对话框，单击"新建"按钮，系统弹出"创建新标注样式"对话框（图5-119），输入"顶面图"名称，单击"继续"按钮，打开"新建标注样式：顶面图"对话框，选择"线"选项卡，根据所需修改标注样式参数。

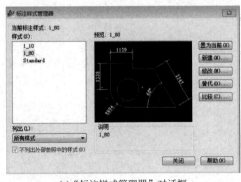

(a)"标注样式管理器"对话框

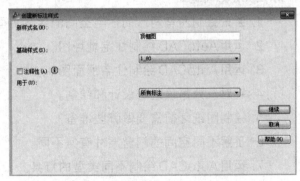

(b) 创建新标注样式

图5-119　修改标注样式

（3）整理后，绘制完成（图5-120）。

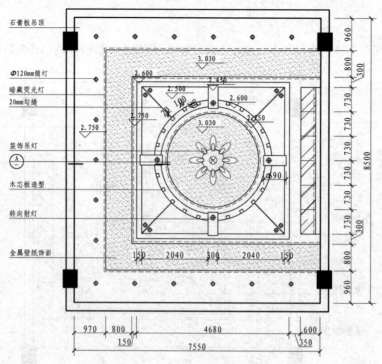

图5-120  绘制完成

**本章小结**

    绘制平面图要从墙体入手，精确绘制墙体尺寸、门窗尺寸是保障平面图真实有效的重要根据。为了能够熟练运用 AutoCAD 绘制平面图，需要掌握常用绘图工具和修改工具等的使用，以及图层的设置方法和操作步骤。后期配置家具、灯具、配件等图形可以从素材库中调用，本书配套的素材文件丰富，可以随时调用，能大幅度提高绘图速度，保障图纸质量。

**课后练习题**

1. 尝试绘制两室两厅的住宅空间的建筑平面图。

2. 运用 AutoCAD 绘制住宅地坪图。

3. 运用 AutoCAD 绘制住宅顶面图。

4. 针对一处吊顶进行设计和绘制。

5. 绘制图纸之前需要做哪些准备？

6. 了解不同空间的门窗尺寸有何不同。

7. 运用 AutoCAD 绘制不同类型的灯具。

8. 了解填充工具并能灵活地运用于图纸中。

9. 对绘制平面图的图层进行整理。

10. 通过本章的学习，概括图纸标注需要注意的事项。

# 第六章
# 立面图绘制

**学习难度：**★★★★☆

**重点概念：**电视背景墙立面图、电视柜立面图、玄关鞋柜立面图

**章节导读：**在与室内外立面平行的铅垂投影图称为立面图。立面图相对于平面图而言，能够更直观地反映室内外空间构造的具体形态。本章将主要以住宅中部分构件的立面图为例，详细讲述其具体绘制步骤，逐步介绍立面图绘制过程中需要注意的事项和步骤技巧。

## 第一节　电视背景墙立面图绘制

在室内外设计中，电视背景墙的设计能够很好地体现设计者良好的设计品位，电视背景墙是室内空间中的重中之重，本节以及其他节次将以图6-1所示的电视背景墙立面图为例，详细介绍立面图的绘制步骤。

二维码 57

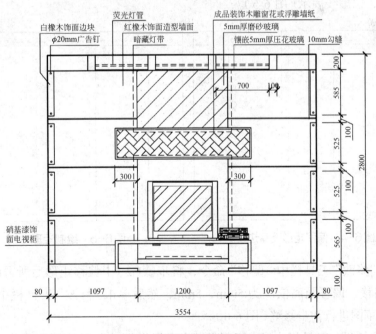

图6-1　电视背景墙立面图示例

## 一、电视背景墙前期绘制

（1）单击"绘图"工具栏中的"矩形"命令，根据设计草图绘制出长为3555mm、宽为2800mm的矩形，确定好电视背景墙的绘制区域（图6-2），单击"修改"工具栏中的"分解"命令，将绘制好的矩形分解。

（2）单击"修改"工具栏中的"偏移"命令，将矩形的上水平边向下偏移200mm，下水平边向上偏移100mm，确定出电视背景墙上层造型区域（图6-3）。

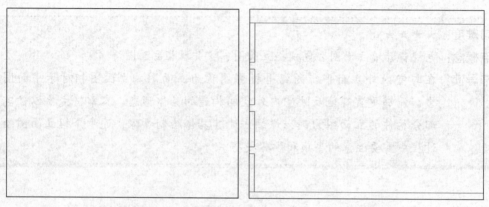

图6-2　确定好电视背景墙的绘制区域　　　　图6-3　偏移矩形

（3）单击"修改"工具栏中"偏移"命令，将步骤1绘制好的矩形的竖直边向左进行偏移，偏移距离依次为527mm、100mm、700mm、100mm、700mm、100mm、700mm、100mm，根据设计草图，此处便为荧光灯管所处区域（图6-4）。

（4）单击"绘图"工具栏中的"矩形"命令，根据设计草图绘制出长为2300mm、宽为20mm的矩形，以虚线表示（图6-5）。

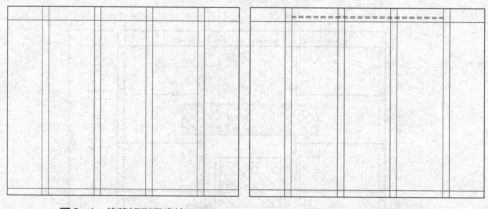

图6-4　偏移矩形竖直边　　　　图6-5　绘制矩形（1）

（5）单击"修改"工具栏中"偏移"命令，将步骤（2）中偏移矩形后所得的水平线段向上进行连续偏移，偏移距离依次为5mm、5mm，然后单击"修改"工具栏中的"修剪"命令，根据设计草图进行初步修整（图6-6）。

（6）单击"绘图"工具栏中的"矩形"命令，根据设计草图绘制出长为585mm、宽为

80mm 的矩形，单击"修改"工具栏中的"复制"命令将绘制好的矩形进行复制，根据设计草图复制四个矩形，并将其放置于电视背景墙上层造型区域内（放置于上层造型区域内中心地带），然后单击"修改"工具栏中的"分解"命令，将绘制好的矩形分解（图6-7）。

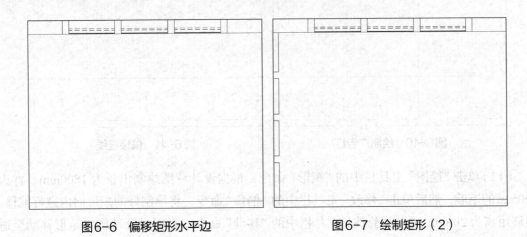

图6-6 偏移矩形水平边　　　　　　　图6-7 绘制矩形（2）

（7）单击"修改"工具栏中的"镜像"命令，将步骤（6）中绘制好的四个矩形进行镜像，镜像中心为步骤1中矩形水平边的中心（图6-8）。

（8）单击"绘图"工具栏中的"圆"命令，在步骤7中绘制的矩形内绘制一个半径为10mm的圆（作为广告钉），根据设计草图将其放置在矩形的上下两边，其他矩形也如此（图6-9）。

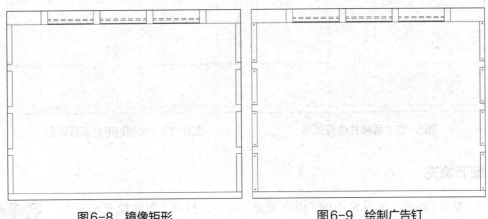

图6-8 镜像矩形　　　　　　　　　图6-9 绘制广告钉

（9）单击"绘图"工具栏中的"直线"命令，在步骤（2）中绘制的矩形的水平边之间绘制一条直线，单击"绘图"工具栏中的"点→定数等分"命令，将绘制好的直线分为同等的4份，并根据设计草图将等分区域进行连接（图6-10）。

（10）单击"修改"工具栏中的"偏移"命令，将步骤（9）中的直线进行偏移，每段直线向上向下各偏移距离为5mm（图6-11）。

（11）单击"修改"工具栏中的"偏移"命令，将步骤（1）中矩形的竖直边向左进行连续偏移，偏移距离依次为1127mm、50mm、1200mm、50mm，以细虚线、实线、实线、虚线表示，单击"修改"工具栏中的"修剪"命令，根据设计草图进行修整（图6-12）。

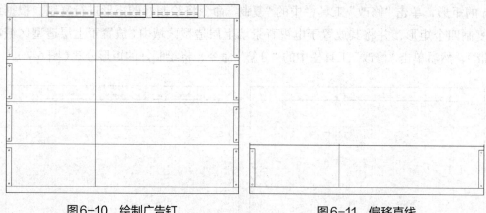

图6-10　绘制广告钉　　　　　　　　　图6-11　偏移直线

（12）单击"绘图"工具栏中的"矩形"命令，根据设计草图绘制出长为1800mm、宽为400mm的矩形，然后单击"修改"工具栏中的"偏移"命令，将绘制好的矩形向内进行偏移，偏移距离为20mm，单击"修改"工具栏中的"移动"命令，根据设计草图将矩形移动至适宜位置（图6-13）。

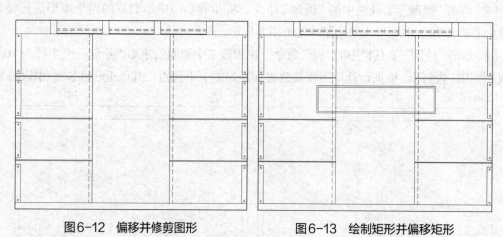

图6-12　偏移并修剪图形　　　　　　图6-13　绘制矩形并偏移矩形

## 二、细节填充

（1）单击"绘图"工具栏中的"图案填充"命令，打开"图案填充和渐变色"对话框。单击"图案"选项后面的按钮，打开"填充图案选项板"对话框，选择"其他预定义"选项卡中的SACNCR图案类型，单击"确定"按钮后退出（图6-14）。

二维码58

（2）单击"图案填充和渐变色"对话框右侧的"添加：拾取点"命令，选择填充区域后单击"确定"按钮，系统将会回到"图案填充和渐变色"对话框，设置填充比例为1500，然后单击"确定"按钮完成图案填充（图6-15）。

（3）单击"修改"工具栏中的"偏移"命令，将电视背景墙上层造型区域中的矩形的上水平边向下偏移800mm，以虚线表示，再将该虚线向下再偏移300mm，根据设计草图进行修剪（图6-16）。

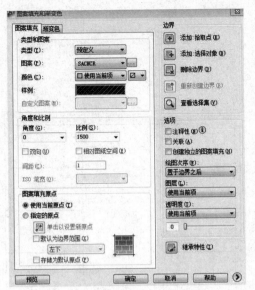

(a)"图案填充和渐变色"对话框

(b) 图案列表

图6-14 选择所要填充的矩形图案

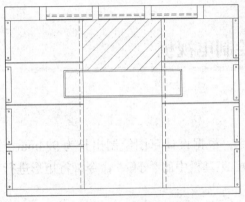

图6-15 矩形填充完成

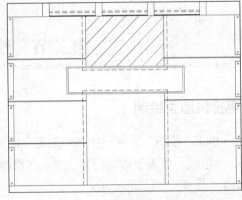

图6-16 偏移矩形水平边并修剪

（4）单击"绘图"工具栏中的"图案填充"命令，打开"图案填充和渐变色"对话框。单击"图案"选项后面的按钮，打开"填充图案选项板"对话框，选择"其他预定义"选项卡中的 AR-HBONE 图案类型，单击"确定"按钮后退出（图 6-17）。

（5）单击"图案填充和渐变色"对话框右侧的"添加：拾取点"命令，选择填充区域后单击"确定"按钮，系统将会回到"图案填充和渐变色"对话框，设置填充比例为 20，然后单击"确定"按钮完成图案填充（图 6-18）。

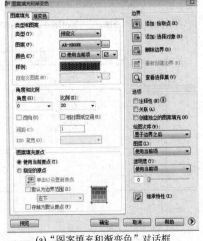

(a)"图案填充和渐变色"对话框

图6-17

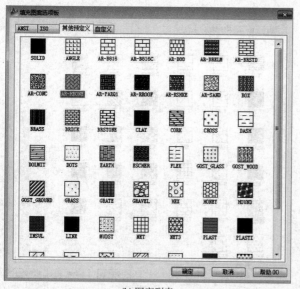

(b) 图案列表

图6-17　选择所要填充的图案

图6-18　图案填充完成

# 第二节　绘制电视机

## 一、电视机造型绘制

（1）单击"绘图"工具栏中的"矩形"命令，根据设计草图绘制出长为924mm、宽为740mm 的矩形，放置于恰当位置，单击"修改"工具栏中的"分解"命令，将矩形进行分解（图6-19）。

（2）单击"修改"工具栏中的"偏移"命令，将步骤（1）中矩形的两条竖直边分别向内进行连续偏移，偏移距离依次为66mm、13mm，再将其上水平边向下进行连续偏移，偏移距离依次为 13mm、52mm、580mm（图6-20）。

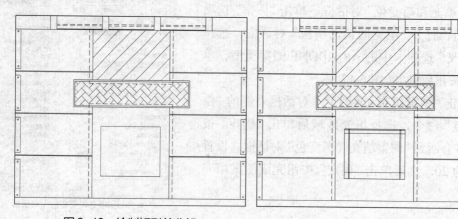

图6-19　绘制矩形并分解

图6-20　偏移矩形

（3）单击"绘图"工具栏中的"矩形"命令，根据设计草图绘制出长为660mm，宽为40mm的矩形，单击"修改"工具栏中的"分解"命令，将矩形进行分解（图6-21）。

（4）单击"修改"工具栏中的"偏移"命令，将步骤（3）中矩形的竖直边向左偏移330mm，然后单击"修改"工具栏中的"修剪"命令，根据设计草图进行初步修整（图6-22）。

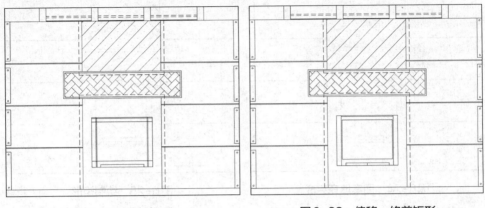

图6-21　分解矩形　　　　　　　　　　图6-22　偏移、修剪矩形

## 二、图案填充及组块

（1）单击"绘图"工具栏中的"图案填充"命令，打开"图案填充和渐变色"对话框。单击"图案"选项后面的按钮，打开"填充图案选项板"对话框，选择"其他预定义"选项卡中的STEEL图案类型，单击"确定"按钮后退出（图6-23）。

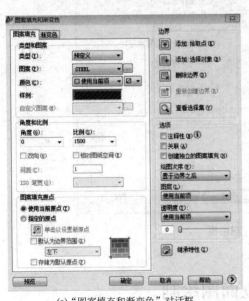
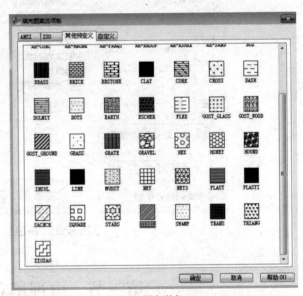

(a)"图案填充和渐变色"对话框　　　　　　　　(b)图案列表

图6-23　选择要填充的图案

（2）单击"图案填充和渐变色"对话框右侧的"添加：拾取点"命令，选择步骤（1）中偏移的区域作为填充区域，单击"确定"按钮，系统将会回到"图案填充和渐变色"对话框，

设置填充比例为1500，然后单击"确定"按钮完成图案填充（图6-24）。

（3）单击"绘图"工具栏中的"矩形"命令，根据设计草图绘制出长为900mm、宽为26mm的矩形，并根据设计草图放置于适当位置（图6-25）。

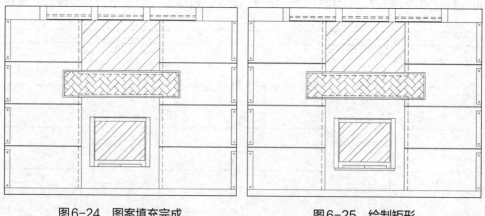

图6-24　图案填充完成　　　　　　图6-25　绘制矩形

（4）单击"绘图"工具栏中的"创建块"命令，弹出"块定义"对话框，选择刚刚绘制完成的图形为定义对象，选择任意点为基点，将电视机定义为块，并命名为"电视机"（图6-26）。

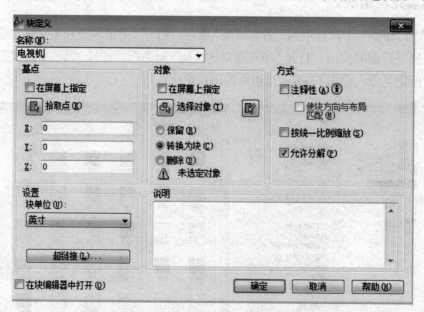

图6-26　"块定义"对话框

# 第三节　电视柜立面图绘制

一般电视背景墙立面图中都会考虑到电视柜的绘制，下面详细介绍电视背景墙正立面图中电视柜的绘制步骤。

## 一、前期绘制

（1）单击"绘图"工具栏中的"矩形"命令，根据设计草图绘制出长为1800mm、宽为400mm的矩形，单击"修改"工具栏中的"偏移"命令，将矩形向内偏移40mm（图6-27）。

（2）单击"修改"工具栏中的"偏移"命令，将步骤（1）中矩形的下水平边向上偏移60mm，然后单击"修改"工具栏中的"修剪"命令，根据设计草图修剪图形（图6-28）。

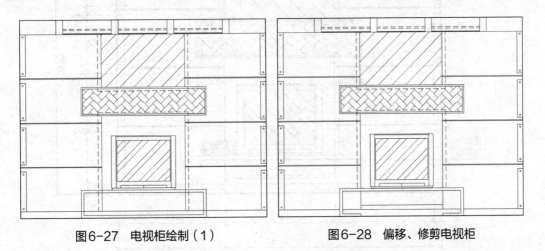

图6-27 电视柜绘制（1）　　　　　　　图6-28 偏移、修剪电视柜

（3）单击"绘图"工具栏中的"矩形"命令，根据设计草图绘制出长为1000mm、宽为30mm的矩形，以虚线表示（图6-29）。

（4）单击"绘图"工具栏中的"矩形"命令，根据设计草图绘制出长为96mm、宽为16mm的矩形，根据设计草图将其放置到适当的位置（图6-30）。

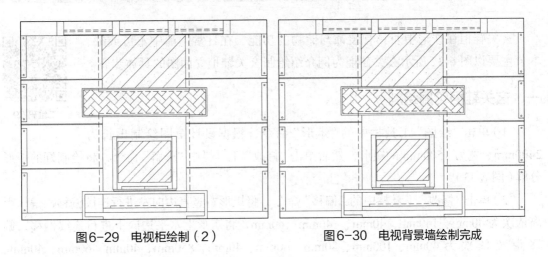

图6-29 电视柜绘制（2）　　　　　　　图6-30 电视背景墙绘制完成

## 二、修剪

单击"修改"工具栏中的"修剪"命令，根据设计图样将多余的部分进行修剪，最后根据设计草图添加尺寸标注和文字标注，至此整体电视背景墙绘制完成（图6-31）。

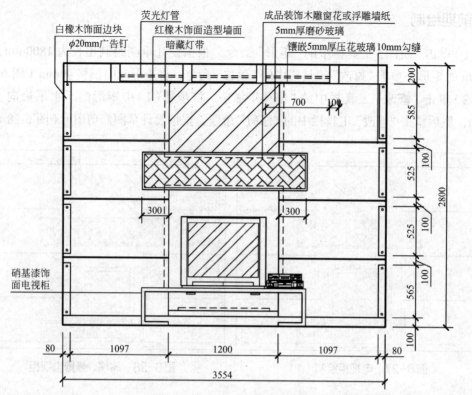

白橡木饰面边块
φ20mm广告钉
荧光灯管
红橡木饰面造型墙面
暗藏灯带
成品装饰木雕窗花或浮雕墙纸
5mm厚磨砂玻璃
镶嵌5mm厚压花玻璃10mm勾缝
硝基漆饰面电视柜

图6-31 电视背景墙绘制完成

# 第四节　玄关鞋柜立面图绘制

　　玄关鞋柜在住宅中兼具有装饰与储物的功能，在日常生活中不可或缺，本节主要以图 6-32 所示玄关鞋柜为例介绍绘制玄关鞋柜立面图的具体步骤。

二维码 59

## 一、玄关鞋柜轮廓绘制

　　（1）单击"绘图"工具栏中的"矩形"命令，根据设计草图绘制出长为 2400mm、宽为 1500mm 的矩形，然后单击"修改"工具栏中"分解"命令，将绘制好的矩形分解（图 6-33）。

　　（2）单击"修改"工具栏中的"偏移"命令，将矩形右竖直边向左进行连续偏移，偏移距离依次为 40mm、140mm、40mm、140mm、40mm，将矩形上水平边向下进行连续偏移，偏移距离依次为 40mm、100mm、40mm、60mm、40mm、850mm、40mm、60mm、40mm、850mm、40mm、60mm、40mm、100mm（图 6-34）。

　　（3）单击"修改"工具栏中的"修剪"命令，根据设计草图将图形进行修剪，绘制出玄关鞋柜的饰面造型（图 6-35）。

　　（4）单击"绘图"工具栏中的"图案填充"命令，打开"图案填充和渐变色"对话框。单

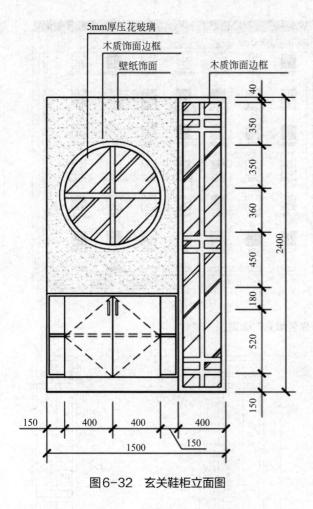

图6-32 玄关鞋柜立面图

（图中标注）
5mm厚压花玻璃
木质饰面边框
壁纸饰面
木质饰面边框
40
350
350
360
450
180
520
150
2400
150
400
400
400
150
1500

击"图案"选项后面的按钮，打开"填充图案选项板"对话框，选择"其他预定义"选项卡中的 AR-RROOF 图案类型，单击"确定"按钮后退出（图6-36）。

（5）单击"图案填充和渐变色"对话框右侧的"添加：拾取点"命令，根据设计草图选择步骤（3）中修剪后的区域作为填充区域，单击"确定"按钮，系统将会回到"图案填充和渐变色"对话框，设置角度为45°，填充比例为300，然后单击"确定"按钮完成图案填充（图6-37）。

（6）单击"修改"工具栏中的"偏移"命令，将步骤（1）中矩形的水平边向下进行连续偏移，偏移距离依次为1600mm、20mm、310mm、20mm、310mm、20mm，将矩形的左竖直边向右进行连续偏移，偏移距离依次为20mm、130mm、400mm、400mm、130mm（图6-38）。

（7）单击"修改"工具栏中的"修剪"命令，根据设计草图将图形进行修剪，绘制出玄关鞋柜柜门的造型（图6-39）。

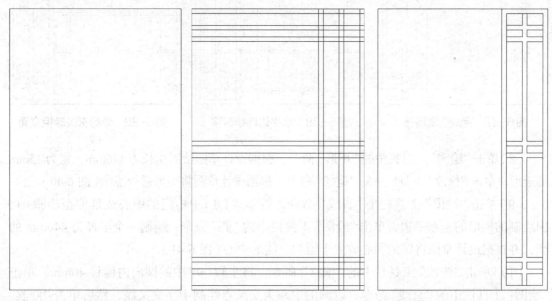

图6-33 玄关鞋柜立面绘制（1）　　图6-34 偏移玄关鞋柜立面　　图6-35 修剪玄关鞋柜立面

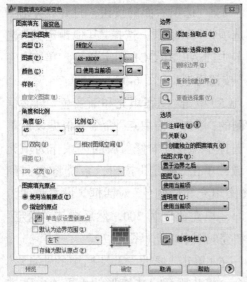

(a) "图案填充和渐变色" 对话框

(b) 图案列表

图6-36 选择要填充的图案

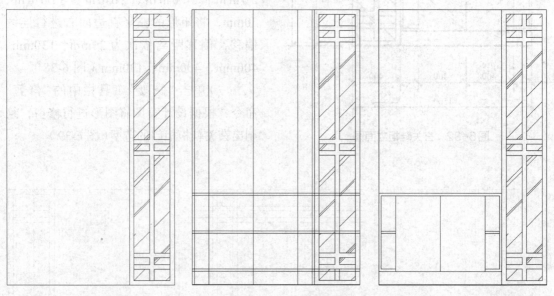

图6-37 完成图案填充　　图6-38 水平边连续偏移　　图6-39 修剪玄关鞋柜立面

（8）单击 "绘图" 工具栏中的 "矩形" 命令，根据设计草图绘制出长为116mm，宽为15mm的矩形，单击 "修改" 工具栏中的 "镜像" 命令，根据设计草图将矩形进行镜像（图6-40）。

（9）单击 "绘图" 工具栏中 "直线" 命令，将步骤（8）中柜门的中心线延伸至步骤（1）中绘制的矩形的上水平边，单击 "绘图" 工具栏中的 "圆" 命令，绘制一个半径为440mm的圆，并根据设计草图将圆的圆心放置于绘制直线的中心（图6-41）。

（10）单击 "修改" 工具栏中的 "偏移" 命令，将步骤（9）中的圆向内偏移40mm，单击 "绘图" 工具栏中的 "直线" 命令，以圆的中心为交叉点绘制十字交叉线，然后单击 "修改" 工具栏中的 "偏移" 命令，将竖直线段分别向左、向右各偏移20mm，将水平线段分别向上、向下各偏移 20mm，单击"修改"工具栏中的"修剪"命令，根据设计草图将图形进行修剪（图 6-42）。

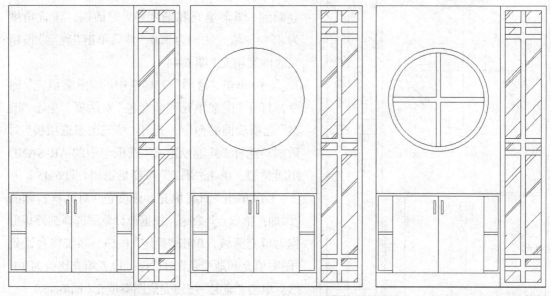

图6-40　矩形镜像　　图6-41　玄关鞋柜立面绘制（2）　图6-42　玄关鞋柜立面绘制（3）

## 二、图案填充及细节处理

（1）单击"绘图"工具栏中的"图案填充"命令，打开"图案填充和渐变色"对话框。单击"图案"选项后面的按钮，打开"填充图案选项板"对话框，选择"其他预定义"选项卡中的 AR-RROOF 图案类型，单击"确定"按钮后退出（图 6-43）。

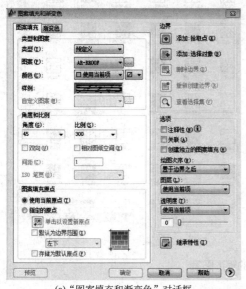

(a)"图案填充和渐变色"对话框

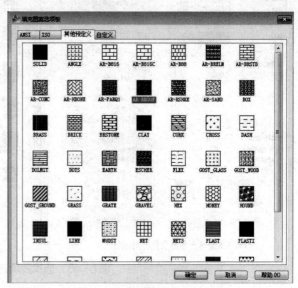

(b) 图案列表

图6-43　选择要填充的圆形图案

图6-44 图案填充完成

（2）单击"图案填充和渐变色"对话框右侧的"添加：拾取点"命令，根据设计草图选择修剪后的圆作为填充区域，单击"确定"按钮，系统将会回到"图案填充和渐变色"对话框，设置角度为45°，填充比例为300，然后单击"确定"按钮完成图案填充（图6-44）。

（3）单击"绘图"工具栏中的"图案填充"命令，打开"图案填充和渐变色"对话框。单击"图案"选项后面的命令，打开"填充图案选项板"对话框，选择"其他预定义"选项卡中的AR-SAND图案类型，单击"确定"按钮后退出（图6-45）。

（4）单击"图案填充和渐变色"对话框右侧的"添加：拾取点"命令，根据设计草图选择圆外矩形作为填充区域，单击"确定"按钮，系统将会回到"图案填充和渐变色"对话框，设置填充比例为30，然后单击"确定"按钮完成图案填充（图6-46）。

（5）根据设计草图，添加尺寸、文字标注并整理图形，玄关鞋柜立面绘制完成（图6-47）。

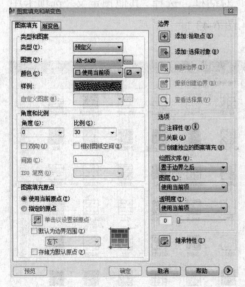

(a)"图案填充和渐变色"对话框

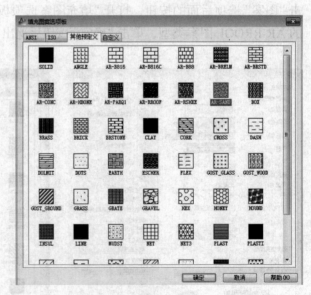

(b)图案列表

图6-45 选择要填充的矩形图案

图6-46　图案填充完成

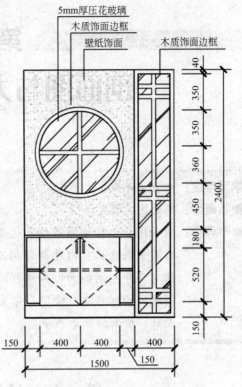

图6-47　玄关鞋柜立面绘制完成

### 本章小结

　　绘制立面图之前要先确定好平面图，立面图一定要与平面图完全对应，否则图纸在施工中就会造成识读错误。在绘制设计对象的形体结构时，应当尽量深入细致，可以在平面图的基础上，对不了解的图形结构的情况下引出参考线定位，再进行绘制，提高绘图效率。为了丰富图面效果，在立面图中应当进行适当填充。

### 课后练习题

1. 绘制立面图时需要注意哪些问题？

2. 绘制立面图前需要做什么准备？

3. 运用AutoCAD绘制鞋柜地面图。

4. 运用AutoCAD绘制酒柜立面图。

5. 运用AutoCAD绘制衣柜立面图。

6. 运用AutoCAD绘制阳台吊柜立面图。

7. 运用AutoCAD绘制书柜立面图。

8. 运用AutoCAD绘制橱柜立面图。

9. 运用AutoCAD绘制沙发背景墙。

10. 通过本章的学习，谈谈绘制立面图必须需要掌握哪些工具和技巧。

# 第七章
# 剖面图与大样详图绘制

**学习难度：** ★★★★☆

**重点概念：** 剖面图、大样详图

**章节导读：** 剖面图和大样详图不仅表达设计内容，体现设计深度，还能将在平面、立面图中表达出室内外局部构造，对细部处理手法进行补充说明。本章将以住宅部分空间剖面图和楼梯踏步大样详图为例，来具体讲解剖面图和大样详图的绘制方法，除了介绍常用的AutoCAD绘图、编辑命令外，还介绍了设计、绘制的注意事项。

## 第一节　绘制剖面图前准备

### 一、设计图研究

在绘制立面图之前需要认真研究设计图纸，明确设计重点和具体要表现的设计细节有哪些，本节将以图7-1所示餐厅吊顶剖面图为例具体讲解其剖面图的绘制过程。

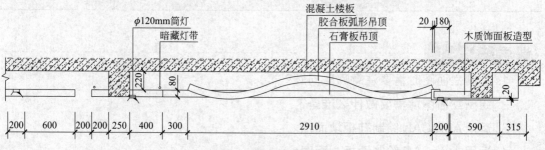

图7-1　餐厅吊顶剖面图

### 二、绘制前准备

打开之前绘制好的设计平面图，并将其作为绘制剖面图的参考（图7-2）。

二维码60

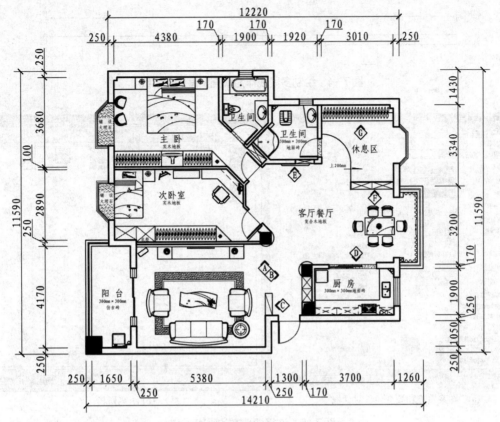

图7-2 将设计平面图作为绘制剖面图的参考

# 第二节 剖面图绘制步骤

## 一、初期轮廓绘制与图案填充

（1）单击"绘图"工具栏中的"多段线"命令，根据设计草图绘制一段多段线（图7-3）。

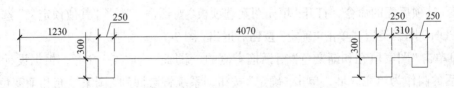

图7-3 根据设计草图绘制一段多段线

（2）单击"绘图"工具栏中的"多段线"命令，根据设计草图再绘制一段多段线，作为填充图案的轮廓线（图7-4）。

（3）单击"绘图"工具栏中的"图案填充"命令，打开"图案填充和渐变色"对话框。单击"图案"选项后面的命令，打开"填充图案选项板"对话框，选择"ANSI"选项卡中的ANSI31图案类型，单击"确定"按钮后退出（图7-5）。

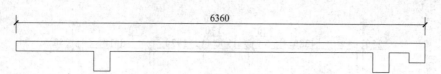

图7-4 绘制多段线作为填充图案的轮廓线

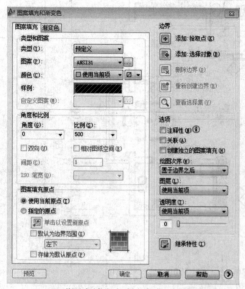

(a)"图案填充和渐变色"对话框

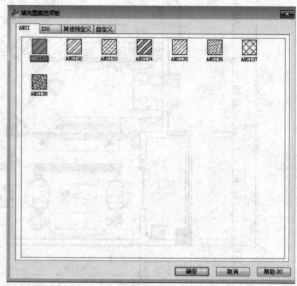

(b)图案列表

图7-5 选择要填充的图案（1）

（4）单击"图案填充和渐变色"对话框右侧的"添加：拾取点"命令，根据设计草图选择修剪后的圆作为填充区域，单击"确定"按钮，系统将会回到"图案填充和渐变色"对话框，设置填充比例为500，然后单击"确定"按钮完成图案填充（图7-6）。

图7-6 填充图案完成（1）

（5）单击"绘图"工具栏中的"图案填充"命令，打开"图案填充和渐变色"对话框。单击"图案"选项后面的命令，打开"填充图案选项板"对话框，选择"其他预定义"选项卡中的 AR-CONC 图案类型，单击"确定"按钮后退出（图7-7）。

（6）单击"图案填充和渐变色"对话框右侧的"添加：拾取点"命令，根据设计草图选择修剪后的圆作为填充区域，单击"确定"按钮，系统将会回到"图案填充和渐变色"对话框，设置填充比例为30，然后单击"确定"按钮完成图案填充（图7-8）。

（7）单击"绘图"工具栏中的"直线"命令，根据设计草图绘制两段垂直相交的直线，然后单击"绘图"工具栏中的"矩形"命令，根据设计草图在图形适当位置绘制四个矩形，矩形尺寸依次为 830mm×80mm、200mm×80mm、400mm×80mm、3210mm×80mm（图7-9）。

（8）单击"绘图"工具栏中的"多段线"命令，根据设计草图绘制一段多段线，多段线长度依次为 90mm、20mm、590mm、10mm、20mm、10mm、200mm、120mm、100mm、

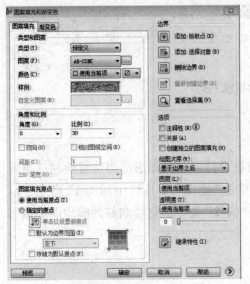
(a) "图案填充和渐变色"对话框

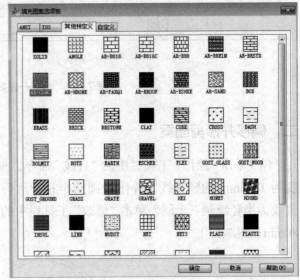
(b) 图案列表

图7-7 选择要填充的图案（2）

图7-8 填充图案完成（2）

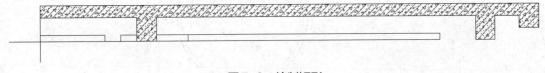

图7-9 绘制矩形

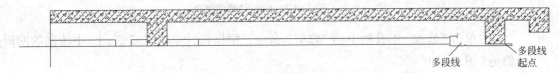

多段线

多段线
起点

图7-10 绘制一段多段线（1）

20mm（图7-10）。

（9）单击"绘图"工具栏中的"多段线"命令，根据设计草图绘制一段多段线，多段线长度依次为440mm、80mm、440mm（图7-11）。

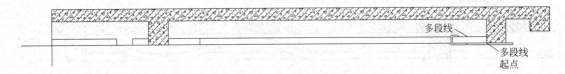

多段线

多段线
起点

图7-11 绘制一段多段线（2）

（10）单击"绘图"工具栏中的"多段线"命令，根据设计草图绘制一段多段线，多段线长度依次为150mm、220mm（图7-12）。

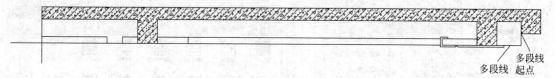

多段线
多段线 起点

图7-12 绘制一段多段线（3）

## 二、偏移并修剪图案

（1）单击"绘图"工具栏中的"直线"命令，根据设计草图在图形适当位置绘制三条长度为1243mm的竖直线，并作为圆的半径。然后单击"绘图"工具栏中的"圆"命令，以直线为半径绘制三个圆，单击"修改"工具栏中的"偏移"命令，将绘制好的圆均向上偏移80mm（图7-13）。

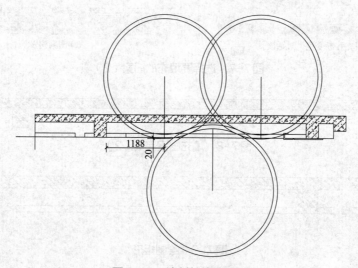

1188
20

图7-13 绘制并偏移图形

（2）单击"修改"工具栏中的"修剪"命令，根据设计草图对步骤（1）中绘制的图形进行修剪（图7-14）。

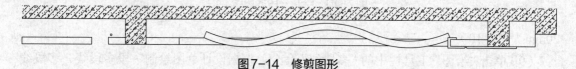

图7-14 修剪图形

（3）根据设计草图放置筒灯与灯带（图7-15）。

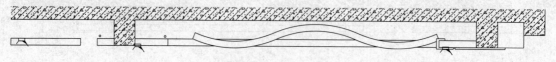

图7-15 放置灯具

（4）根据设计草图添加文字标注和尺寸标注，并进行补充、整理，餐厅吊顶剖面绘制完成（图7-16）。

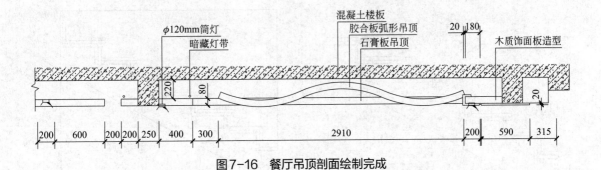

图7-16 餐厅吊顶剖面绘制完成

# 第三节 大样详图绘制

本节将以图7-17所示大样详图为例具体讲解大样详图的绘制过程。

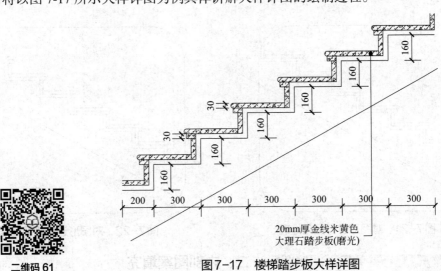

二维码61

图7-17 楼梯踏步板大样详图

20mm厚金线米黄色
大理石踏步板(磨光)

## 一、基础轮廓绘制

（1）单击"绘图"工具栏中的"直线"命令，根据设计草图在图形适当位置绘制一条长度为2500mm的斜向直线（图7-18）。

（2）结合之前所学知识，利用"多段线"命令、"偏移"命令、"分解"命令、"直线"命令，根据设计草图绘制楼梯踏步大样详图的基本图形（图7-19）。

（3）单击"绘图"工具栏中的"矩形"命令，在步骤2中绘制的图形外部绘制一个2020mm×1735mm的矩形（图7-20）。

（4）单击"修改"工具栏中的"圆角"

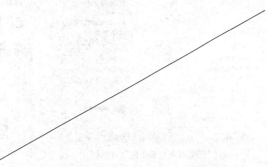

图7-18 绘制长度为2500mm的斜向直线

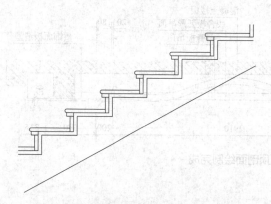

图7-19　楼梯踏步大样祥图的基本图形

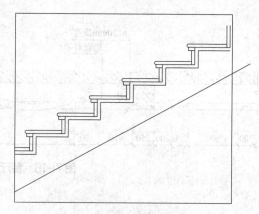

图7-20　绘制矩形

命令，对步骤（3）中绘制的矩形的四条边进行圆角处理，圆角半径均为300mm（图7-21）。

（5）单击"修改"工具栏中的"修剪"命令，根据设计草图对圆角外的线段进行修剪处理（图7-22）。

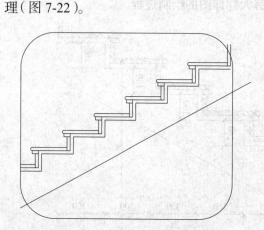

图7-21　对图形进行圆角处理

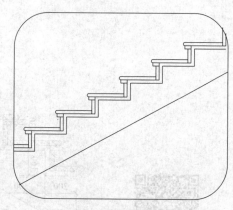

图7-22　对图形进行修剪处理

## 二、内部图案填充

（1）单击"绘图"工具栏中的"图案填充"命令，打开"图案填充和渐变色"对话框。单击"图案"选项后面的命令，打开"填充图案选项板"对话框，选择ANSI中的ANSI35图案类型，单击"确定"按钮后退出（图7-23）。

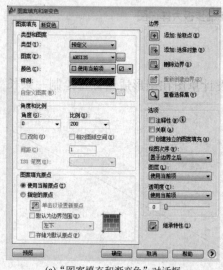

(a)"图案填充和渐变色"对话框

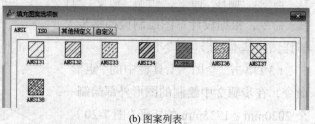

(b)图案列表

图7-23　选择要填充的图案（1）

（2）单击"图案填充和渐变色"对话框右侧的
"添加：拾取点"命令，根据设计草图选择修剪后的
圆作为填充区域，单击"确定"按钮，系统将会回到
"图案填充和渐变色"对话框，设置填充比例为200，
然后单击"确定"按钮完成图案填充（图7-24）。

（3）单击"绘图"工具栏中的"图案填充"命
令，打开"图案填充和渐变色"对话框。单击"图
案"选项后面的命令，打开"填充图案选项板"对
话框，选择"其他预定义"中的AR-SAND图案类
型，单击"确定"按钮后退出（图7-25）。

（4）单击"图案填充和渐变色"对话框右侧的
"添加：拾取点"命令，根据设计草图选择修剪后的圆作为填充区域，单击"确定"按钮，
系统将会回到"图案填充和渐变色"对话框，设置填充比例为8，然后单击"确定"按钮完
成图案填充（图7-26）。

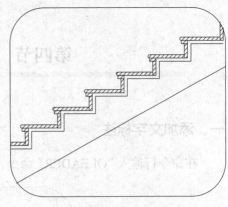

图7-24　图案填充完成（1）

(a)"图案填充和渐变色"对话框

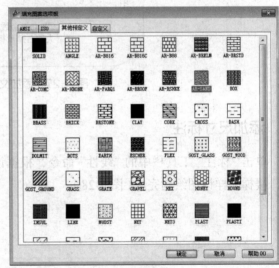

(b)图案列表

图7-25　选择要填充的图案（2）

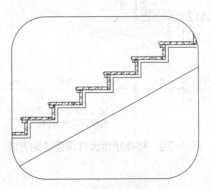

图7-26　图案填充完成（2）

# 第四节　大样详图细节处理

## 一、添加文字标注

在命令行输入"QLEADER"命令，根据设计草图为图形添加文字说明（图7-27）。

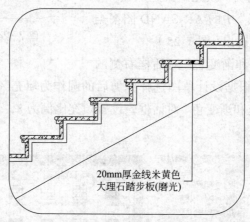

图7-27　添加文字说明

## 二、添加尺寸标注

单击"标注"工具栏中的"线性"命令，根据设计草图为图形添加尺寸标注，并整理图形，楼梯大样详图绘制完成（图7-28）。

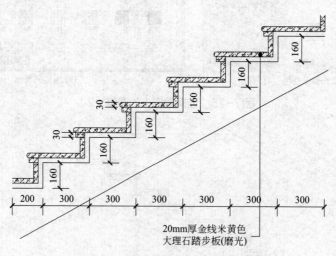

图7-28　楼梯踏步大样详图绘制完成

剖面图与大样详图是建筑施工图纸中不可或缺的重要组成部分，要根据平面图、顶面图、立面图等主要图纸绘制，其绘制方法与平面图、顶面图、立面图的绘制方法基本相近，只是在尺寸标注、图案填充上与其他图有所不同，对于建筑构造知识的要求，剖面图与大样详图则相对更高，特别是细部的处理、工艺技术的掌握及应用等。大多数设计图中，每个造型独特的立面图都会配置1～2处剖面图或大样详图，这样能更方便理解设计构造。

## 课后练习题

1. 简述剖面图的设计内容有哪些？

2. 绘制剖面图时需要注意哪些问题？

3. 简述建筑大样详图设计的图示内容。

4. 绘制大样详图时需要注意哪些问题？

5. 运用AutoCAD2020绘制衣柜剖面图。

6. 运用AutoCAD2020绘制酒柜剖面图。

7. 运用AutoCAD2020绘制吊顶造型剖面图。

8. 运用AutoCAD2020绘制鞋柜剖面图。

9. 运用AutoCAD2020绘制别墅楼梯大样详图。

10. 运用AutoCAD2020绘制特别墙体改造大样详图。

11. 试总结剖面图与大样详图在绘制过程中的异同。

# 第八章
# 住宅空间图绘制实例

**学习难度：** ★★★☆☆

**重点概念：** 家具绘制、插入家具图块

**章节导读：** 衣食住行是人类生活不可或缺的产品，随着时代不断进步，人们对住宅设计的要求更高了，良好的住宅环境能够放松心情，缓解疲劳，因此在绘制住宅空间图时，也要更多地注重到住宅室内外的设计。本章将以128m²住宅（图8-1）为例，从家具入手具体介绍装饰平面图的绘制。

二维码 62

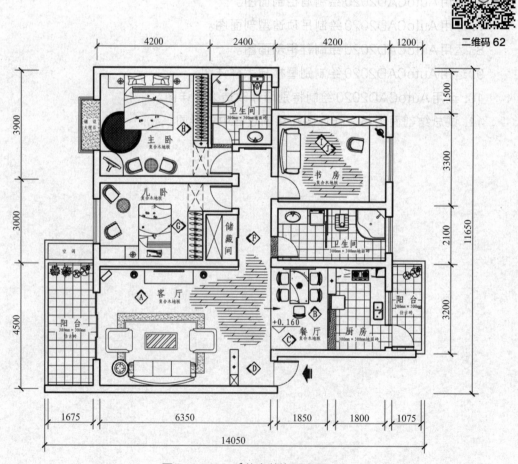

图8-1　128m²住宅装饰平面图

# 第一节　绘制沙发及茶几

## 一、绘图准备

（1）单击"标准"工具栏中的"打开"命令，弹出"打开文件"对话框，选择"住宅建筑平面图"文件，单击"打开"命令，打开之前绘制好的住宅建筑平面图。

（2）选择"文件"→"另存为"命令，将打开的"住宅建筑平面图"另存为"住宅装饰平面图"并进行整理（图8-2）。

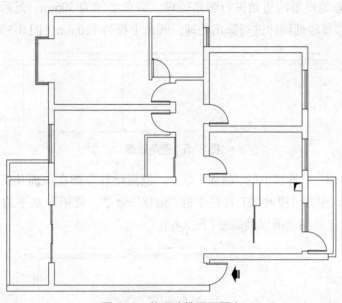

图8-2　整理建筑平面图表

## 二、绘制多人沙发

（1）单击"绘图"工具栏中的"矩形"命令，绘制一个 2100mm×550mm 的矩形，单击"修改"工具栏中的"分解"命令，分解矩形（图8-3）。

图8-3　绘制、分解矩形

（2）单击"修改"工具栏中的"偏移"命令，将步骤（1）中绘制的矩形左侧竖直边向左进行连续偏移，偏移距离依次为300mm、300mm，再将矩形左侧竖直边向外进行连续偏移，偏移距离依次为175mm、25mm，将右侧竖直边向外进行连续偏移，偏移距离依次为

175mm、25mm，将矩形上水平边向下进行连续偏移，偏移距离依次为50mm、25mm，单击"绘图"工具栏中的"直线"命令绘制直线，将偏移线段与矩形相连（图8-4）。

图8-4　偏移图形

（3）单击"修改"工具栏中的"打断" / "打断于点"命令，将矩形的水平边打断为3点，断点为偏移线段与水平边的垂足，单击"修改"工具栏中的"圆角"命令，根据设计草图将步骤（1）中绘制好的矩形的边角进行圆角处理，圆角半径为30mm，然后将步骤（2）中绘制好的直线与偏移线段处同样进行圆角处理，圆角半径为120mm（图8-5）。

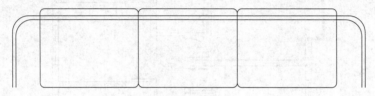

图8-5　圆角处理

（4）单击"绘图"工具栏中的"圆弧"命令，根据设计草图在前面几步绘制好的图形适当位置绘制弧形，单击"修改"工具栏中的"偏移"命令，将矩形水平边上弧形向外偏移80mm，并根据设计草图对图形做调整（图8-6）。

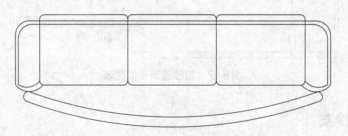

图8-6　绘制圆弧

（5）单击"修改"工具栏中的"修剪"命令，将上述步骤中绘制好的图形多余线段进行修剪，单击"绘图"工具栏中的"创建块"命令，弹出"块定义"对话框，选择上述图形为定义对象，选择任意点为基点，将其定义为块，块名为"多人沙发"（图8-7）。

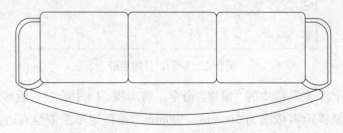

图8-7　多人沙发绘制完成

### 三、绘制茶几

（1）单击"绘图"工具栏中的"矩形"命令，在图形空白区域绘制一个长为1200mm、宽为600mm的矩形（图8-8）。

（2）单击"修改"工具栏中的"偏移"命令，将步骤（1）中的矩形进行偏移，偏移距离为60mm（图8-9）。

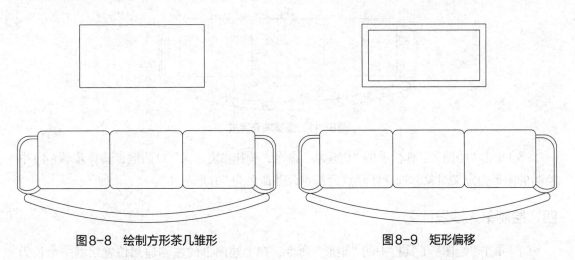

图8-8　绘制方形茶几雏形　　　　　　　　　　图8-9　矩形偏移

（3）单击"绘图"工具栏中的"图案填充"命令，打开"图案填充和渐变色"对话框。单击"图案"选项后面的命令，打开"填充图案选项板"对话框，选择"其他预定义"选项卡中的STEEL图案类型，单击"确定"按钮后退出（图8-10）。

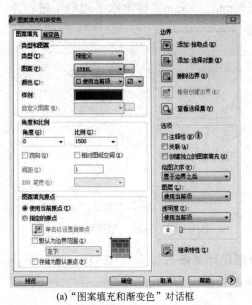
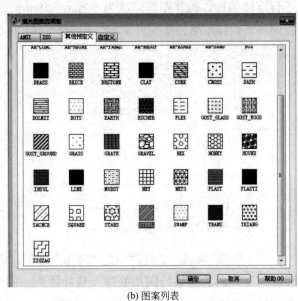

(a)"图案填充和渐变色"对话框　　　　　　　　　(b)图案列表

图8-10　选择要填充的方形茶几图案

（4）单击"图案填充和渐变色"对话框右侧的"添加：拾取点"命令，选择填充区域后单击"确定"按钮，系统将会回到"图案填充和渐变色"对话框，设置填充比例为1500，然后单击"确定"按钮完成图案填充（图 8-11）。

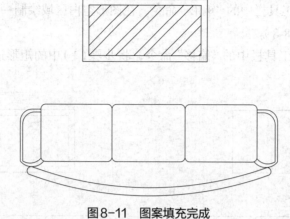

图8-11　图案填充完成

（5）单击"绘图"工具栏中的"创建块"命令，弹出"块定义"对话框，选择步骤（4）中绘制的图形为定义对象，选择任意点为基点，并命名为"方形茶几"。

## 四、绘制单人沙发

（1）单击"绘图"工具栏中的"矩形"命令，在上述图形的左侧适当位置绘制一个长为 1000mm、宽为 850mm 的矩形（图 8-12）。

（2）单击"修改"工具栏中的"分解"命令，选择步骤（1）中绘制的矩形为分解对象，对其进行分解，然后单击"修改"工具栏中的"偏移"命令，将分解矩形的左侧竖直边向右进行连续偏移，偏移距离依次为 50mm、50mm、650mm、50mm，将上水平边向下进行连续偏移，偏移距离分依次为 95mm 和 785mm（图 8-13）。

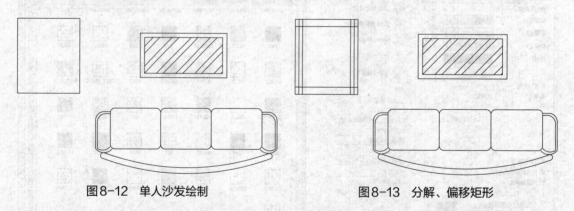

图8-12　单人沙发绘制　　　　　　　　图8-13　分解、偏移矩形

（3）单击"修改"工具栏中的"圆角"命令，根据设计草图选择步骤（2）中矩形及偏移线段与矩形的边角进行圆角处理，从外往内，圆角半径依次为 90mm、63mm、25mm，并裁剪掉多余部分（图 8-14）。

（4）单击"绘图"工具栏中的"圆弧"命令，在图形适当位置绘制两段圆弧，单击"修改"工具栏中的"修剪"命令，选择步骤（3）中的多余线段并进行修剪（图 8-15）。

（5）单击"修改"工具栏中的"旋转"命令，选择步骤（4）中修剪后的图形作为旋转对

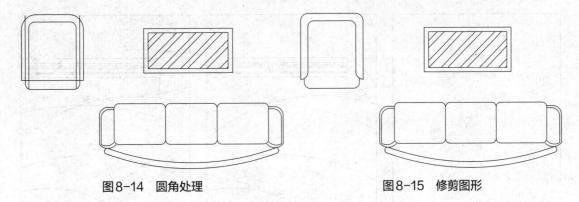

图8-14　圆角处理　　　　　　　　图8-15　修剪图形

象，选择图形底部水平边为旋转基点，将其旋转90°。单击"绘图"工具栏中的"创建块"命令，弹出"块定义"对话框，选择上述图形为定义对象，选择任意点为基点，将其定义为块，块名为"单人沙发1"（图8-16）。

（6）单击"修改"工具栏中的"镜像"命令，选择步骤（5）中绘制的单人沙发为镜像对象并向右侧进行镜像，单击"绘图"工具栏中的"创建块"命令，弹出"块定义"对话框，选择步骤5中绘制的图形为定义对象，选择任意点为基点，将其定义为块，块名为"单人沙发2"（图8-17）。

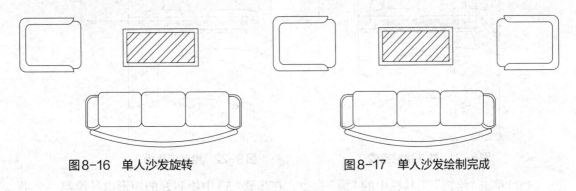

图8-16　单人沙发旋转　　　　　　图8-17　单人沙发绘制完成

# 第二节　绘制双人床

## 一、绘制双人床及其周边家具

（1）单击"绘图"工具栏中的"矩形"命令，绘制一个长为2000mm、宽为1800mm的矩形，以此作为双人床的轮廓线（图8-18）。

（2）单击"绘图"工具栏中的"样条曲线"命令，绘制双人床细部轮廓线，单击"绘图"工具栏中的"圆"命令，绘制不同大小的圆，为双人床增添细部纹路（图8-19）。

（3）单击"绘图"工具栏中的"样条曲线"命令，绘制双人床枕头轮廓线（图8-20）。

（4）单击"绘图"工具栏中的"样条曲线"命令，绘制枕头细部轮廓线，单击"修改"工具栏中的"镜像"命令，选择步骤（3）中绘制的枕头轮廓线为镜像对象并向右侧进行镜像，

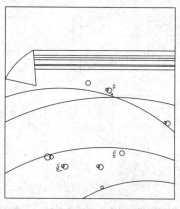

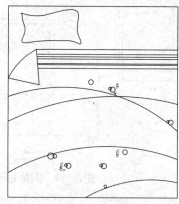

图8-18 绘制双人床外部轮廓线　　图8-19 绘制双人床细部轮廓线　　图8-20 绘制双人床枕头轮廓线

完成枕头的绘制（图8-21）。

（5）单击"绘图"工具栏中的"矩形"命令，在双人床左侧床头位置绘制一个长为600mm、宽为500mm的矩形，在双人床右侧床头位置绘制一个长为600mm、宽为500mm的矩形（图8-22）。

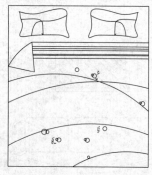

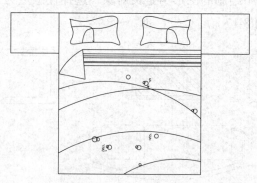

图8-21 枕头绘制完成　　　　　　图8-22 绘制床头柜

（6）单击"绘图"工具栏中的"圆"命令，在步骤（5）中绘制好的矩形内各绘制一个半径为100mm的圆，单击"修改"工具栏中的"偏移"命令，选择绘制的圆为偏移对象并向内进行偏移，偏移距离为50mm（图8-23）。

（7）单击"绘图"工具栏中的"直线"命令，过步骤（6）中偏移的圆心中点绘制十字交叉线（图8-24）。

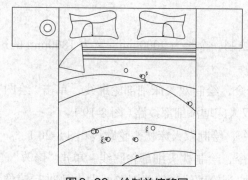

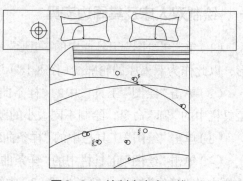

图8-23 绘制并偏移圆　　　　　　图8-24 绘制十字交叉线

（8）单击"修改"工具栏中的"镜像"命令，选择步骤（7）中绘制的台灯为镜像对象并向右侧进行镜像（图8-25）。

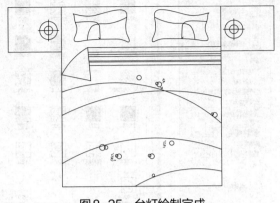

图8-25　台灯绘制完成

## 二、绘制双人床地毯

（1）单击"绘图"工具栏中的"圆"命令，在双人床左侧适当位置绘制半径为750mm的圆，然后单击"修改"工具栏中的"偏移"命令，将圆向内偏移100mm（图8-26）。

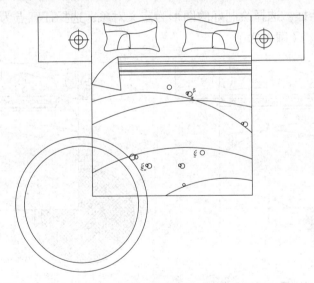

图8-26　地毯绘制、偏移

（2）单击"绘图"工具栏中的"图案填充"命令，打开"图案填充和渐变色"对话框。单击"图案"选项后面的按钮，打开"填充图案选项板"对话框，选择"其他预定义"中的NET图案类型，单击"确定"按钮后退出（图8-27）。

（3）单击"修改"工具栏中的"修剪"命令，根据设计草图将多余部分进行修剪。单击"图案填充和渐变色"对话框右侧的"添加：拾取点"命令，选择填充区域后单击"确定"命令，系统将会回到"图案填充和渐变色"对话框，设置角度为45°，填充比例为300，然后单击"确定"命令完成图案填充（图8-28）。

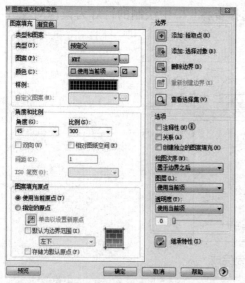
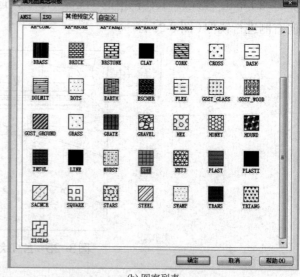

(a)"图案填充和渐变色"对话框          (b)图案列表

图8-27　选择需填充的地毯图案

（4）单击"修改"工具栏中的"修剪"命令，根据设计草图将多余部分进行修剪，完成卧室双人床旁地毯的绘制，并对图形进行整理。单击"绘图"工具栏中的"创建块"命令，弹出"块定义"对话框，选择绘制好的图形为定义对象，选择任意点为基点，将其定义为块，块名为"双人床"（图8-29）。

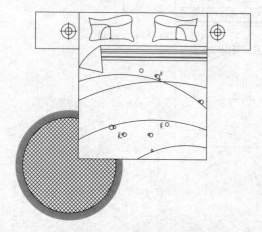
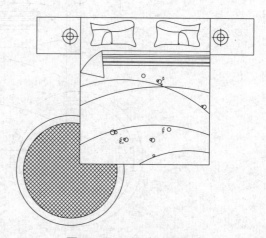

图8-28　地毯图案填充完成          图8-29　双人床绘制完成

单人床同样按照上述方法绘制，这里不再介绍。

# 第三节　绘制其他家具

本节主要介绍玻璃圆桌、沙发椅以及衣柜的具体绘制，这些是住宅空间中比较常见的家具，除此之外的家具均可参考这些家具的绘制方法。

## 一、绘制玻璃圆桌

（1）单击"绘图"工具栏中的"圆"命令，绘制一个半径为250mm的圆，然后单击"修改"工具栏中的"偏移"命令，将圆向内进行偏移，偏移距离为30mm（图8-30）。

（2）单击"绘图"工具栏中的"图案填充"命令，打开"图案填充和渐变色"对话框。单击"图案"选项后面的命令，打开"填充图案选项板"对话框，选择"其他预定义"选项卡中的DASH图案类型，单击"确定"按钮后退出（图8-31）。

图8-30 绘制玻璃圆桌轮廓、偏移

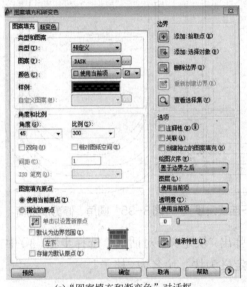

(a)"图案填充和渐变色"对话框

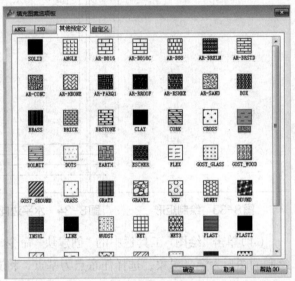

(b)图案列表

图8-31 选择要填充的图案

（3）单击"图案填充和渐变色"对话框右侧的"添加：拾取点"命令，选择填充区域后单击"确定"按钮，系统将会回到"图案填充和渐变色"对话框，设置角度为45°，填充比例为300，然后单击"确定"按钮完成图案填充（图8-32）。

（4）单击"绘图"工具栏中的"创建块"命令，弹出"块定义"对话框，选择步骤（3）中绘制的图形为定义对象，选择任意点为基点，将其定义为块，块名为"玻璃圆桌"。

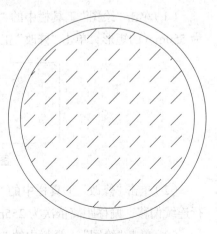

图8-32 填充图案完成

## 二、绘制沙发椅

（1）单击"绘图"工具栏中的"矩形"命令，绘制一个长为600mm、宽为500mm的矩形（图8-33），然后单击"修改"工具栏中的"分解"命令，将刚刚绘制的矩形进行分解。

（2）单击"修改"工具栏中的"偏移"命令，将矩形的水平边向下进行连续偏移，偏移距离依次为10mm、450mm、30mm、30mm、30mm，将矩形的左侧竖直边向右进行连续偏移，偏移距离依次为45mm、10mm、20mm、350mm、20mm、10mm（图8-34）。

（3）单击"修改"工具栏中的"圆角"命令，根据设计草图将步骤（2）中的图形进行圆角处理，圆角半径从左至右依次为230mm、150mm、130mm、60mm、150mm、150mm，单击"修改"工具栏中的"修剪"命令，根据设计草图将多余部分进行修剪（图8-35）。

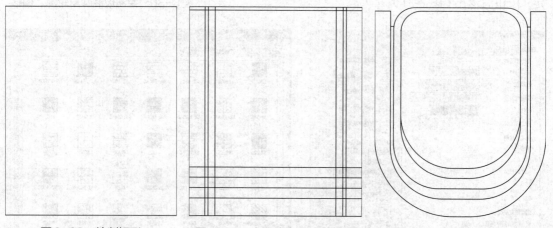

图8-33　绘制矩形　　　图8-34　水平边向下连续偏移　　　图8-35　圆角、修剪沙发椅

（4）单击"绘图"工具栏中的"创建块"命令，弹出"块定义"对话框，选择步骤（3）中绘制的图形为定义对象，选择任意点为基点，将其定义为块，块名为"椅子"。

## 三、绘制衣柜

（1）单击"绘图"工具栏中的"矩形"命令，在图形适当位置绘制一个长为1750mm、宽为550mm的矩形，单击"修改"工具栏中的"分解"命令，将矩形进行分解（图8-36）。

图8-36　绘制矩形衣柜轮廓

（2）单击"修改"工具栏中的"偏移"命令，将步骤（1）中绘制好的矩形的上边向下进行连续偏移，偏移距离依次为255mm、40mm（图8-37）。

（3）单击"绘图"工具栏中的"样条曲线"命令，绘制衣架外部轮廓线（图8-38）。

（4）单击"绘图"工具栏中的"直线"命令，绘制衣架细部轮廓线（图8-39）。

图8-37　连续偏移

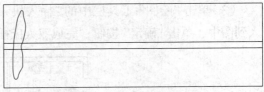

图8-38　绘制衣架外部轮廓线

（5）单击"修改"工具栏中的"复制"命令，选择步骤（4）中绘制好的衣架为复制对象并进行连续复制（图8-40）。

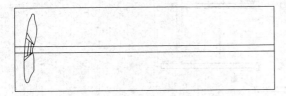

图8-39　绘制衣架细部轮廓线

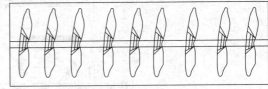

图8-40　复制衣架

（6）单击"绘图"工具栏中的"创建块"命令，弹出"块定义"对话框，选择步骤（5）中绘制的图形为定义对象，选择任意点为基点，将其定义为块，块名为"衣柜"。

# 第四节　家具布置与细节处理

## 一、布置家具图块

（1）单击"绘图"工具栏中的"插入块"命令，弹出"插入"对话框，选择"沙发"插入到图中，单击"确定"按钮，完成沙发插入（图8-41）。

（2）单击"绘图"工具栏中的"插入块"命令，弹出"插入"对话框，选择"玻璃圆桌""椅子"插入到图中，单击"确定"按钮，完成玻璃圆桌、椅子插入（图8-42）。

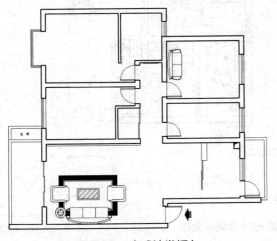

图8-41　完成沙发插入

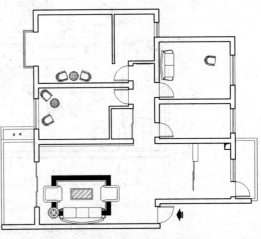

图8-42　完成玻璃圆桌、椅子插入

（3）单击"绘图"工具栏中的"插入块"命令，弹出"插入"对话框，选择"双人床"插入到图中，单击"确定"按钮，完成双人床插入（图8-43）。

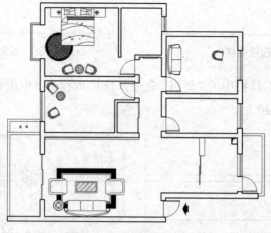

图8-43　完成双人床插入

（4）根据之前讲述的绘制方法绘制其他图块，并运用相同的方法插入其他图块。

## 二、添加标注

根据设计草图添加文字标注、标高以及尺寸标注，完成绘制（图 8-44）。

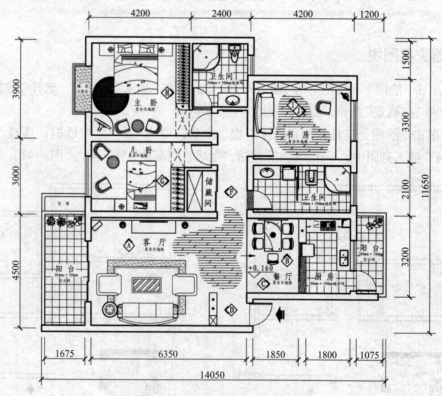

图8-44　完成绘制的住宅装饰平面图

　　住宅空间设计图的核心在于墙体绘制，当墙体、门窗等建筑构造都确定无误，尺寸标注齐全，其中的家具、陈设都可以从模型库中调用，对于特殊造型的家具、构件仍需要专项绘制，但是毕竟是少数，在绘图过程中可以对这些专项绘制的图形保存好，建立属于自己的图库。

**课后练习题**

　　1. 运用 AutoCAD 绘制 80m² 住宅装饰平面图。

　　2. 运用 AutoCAD 绘制 50m² 住宅装饰平面图。

　　3. 运用 AutoCAD 绘制小复式住宅装饰平面图。

　　4. 运用 AutoCAD 绘制单体摇椅。

　　5. 运用 AutoCAD 绘制单体沙发。

　　6. 运用 AutoCAD 绘制组合型圆桌。

　　7. 运用 AutoCAD 绘制餐桌与餐椅。

# 第九章
# 办公空间图绘制实例

学习难度：★★★★☆

重点概念：入口、楼梯、洽谈区、设计部、工程部、财务部、会议室

章节导读：办公空间要创造舒适、方便、卫生、安全、高效的工作环境，更大限度地提高员工的工作效率，塑造和宣传企业的形象。办公空间具有不同于普通住宅的特点，要结合企业文化、服务特点、行业属性，力求做到品位格调与实用性并存，争取利用到办公室的每一个角落，让工作效率能够大大提高。因此在绘制其装饰平面图时更应该结合各种因素。

## 第一节　一层空间绘制

### 一、入口、楼梯及景观区

下面以图 9-1 所示图形为例介绍装饰公司一层装饰平面图的具体绘制步骤。

二维码 63

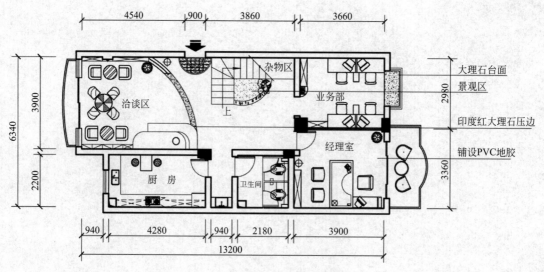

图9-1　装饰公司一层装饰平面图

### 1. 绘图前准备

（1）单击"标准"工具栏中的"打开"命令，弹出"打开文件"对话框，选择"装饰公司一层建筑平面图"文件，单击"打开"按钮，打开之前绘制好的"装饰公司一层建筑平面图"。

（2）选择"文件"→"另存为"命令，将打开的"装饰公司一层建筑平面图"另存为"装饰公司一层装饰平面图"并进行整理（图9-2）。

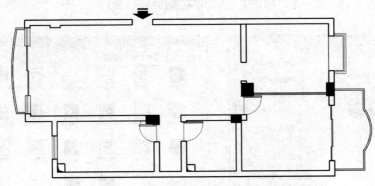

图9-2 整理装饰公司一层装饰平面图

### 2. 绘制内容

（1）单击"绘图"工具栏中的"直线"命令，根据设计草图在入口处绘制一条长为1440mm的水平直线和一条长为720mm的竖直线（水平线中点为竖直线起点，且两线垂直），单击"修改"工具栏中的"偏移"命令，将水平直线进行连续偏移，偏移距离依次为30mm、120mm、15mm、120mm、15mm、120mm、15mm、120mm、15mm，再将竖直线向左连续偏移，偏移距离依次为20mm、150mm、20mm、150mm、20mm、150mm、20mm，向右侧偏移距离一样。单击"绘图"工具栏中的"圆"命令，以直线的中点为圆心，绘制半径为720mm的圆，并将圆向内进行连续偏移，偏移距离依次为40mm、260mm、40mm（图9-3）。

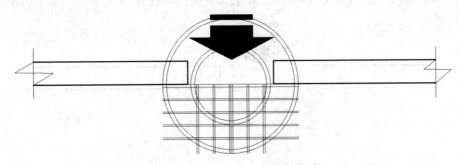

图9-3 入口拼花瓷砖绘制（1）

（2）单击"修改"工具栏中的"修剪"命令，根据设计草图修剪图形（图9-4）。

（3）单击"绘图"工具栏中的"图案填充"命令，打开"图案填充和渐变色"对话框。单击"图案"选项后面的按钮，打开"填充图案选项板"对话框，选择"其他预定义"选项卡中的AR-SAND图案类型，单击"确定"按钮后退出（图9-5）。

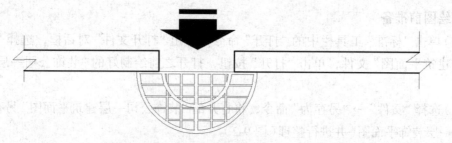

图9-4　入口拼花瓷砖绘制（2）

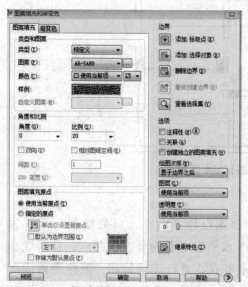

(a) "图案填充和渐变色" 对话框

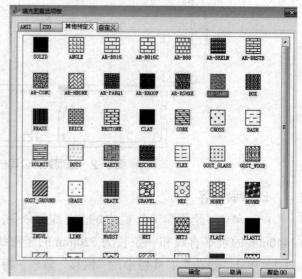

(b) 图案列表

图9-5　选择入口拼花瓷砖填充图案

（4）单击"图案填充和渐变色"对话框右侧的"添加：拾取点"命令，根据设计草图选择填充区域后单击"确定"按钮，系统将会回到"图案填充和渐变色"对话框，设置填充比例为20，然后单击"确定"按钮完成图案填充，并定义为块，块名为"入口拼花瓷砖"（图9-6）。

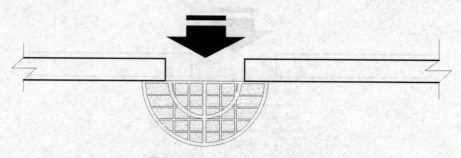

图9-6　入口拼花瓷砖绘制完成

（5）单击"绘图"工具栏中的"直线"命令，根据设计草图以步骤（4）中直线的右端点为起点向下绘制一条长为1980mm的垂线［垂足为步骤（4）中直线的右端点］。单击"修改"工具栏中的"偏移"命令，将垂线向右进行连续偏移，偏移距离依次为1000mm、270mm、270mm、270mm、270mm、270mm、270mm，再将水平内墙线向下连续偏移，偏移距离依次为 900mm、270mm、270mm、270mm、270mm，并根据设计草图进行修剪（图9-7）。

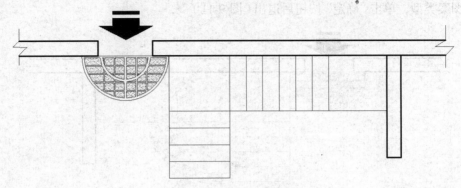

图9-7　楼梯区域绘制

（6）单击"绘图"工具栏中的"直线"命令，根据设计草图绘制两条相交的直线，且与原始竖直线和水平线交点为一点，并绘制一条折断线来表示楼梯的分界（图9-8）。

（7）单击"绘图"工具栏中的"圆弧"命令，根据设计草图在图形适当位置绘制两段平行的圆弧。单击"绘图"工具栏中的"椭圆"命令，在圆弧偏移区域内绘制大小适宜的椭圆，并进行复制（图9-9）。

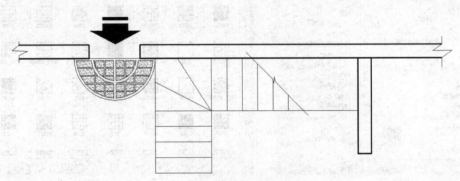

图9-8　楼梯区域绘制完成

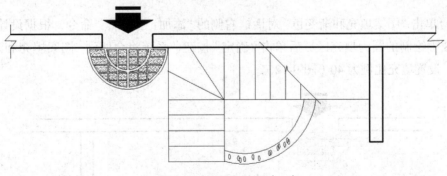

图9-9　景观区绘制（一）

（8）单击"绘图"工具栏中的"插入块"命令，系统弹出"插入"对话框，根据设计草图选择景观植物插入到图中，并进行修剪、整理（图9-10）。

（9）单击"绘图"工具栏中的"图案填充"命令，打开"图案填充和渐变色"对话框。单击"图案"选项后面的按钮,打开"填充图案选项板"对话框,选择其他预定义中的 AR-SAND 图案类型,单击"确定"按钮后退出(图 9-11)。

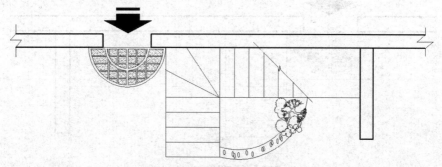

图 9-10    景观区绘制(二)

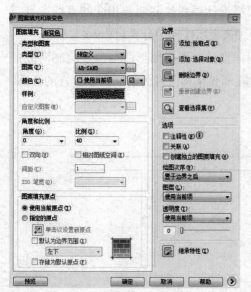

(a)"图案填充和渐变色"对话框

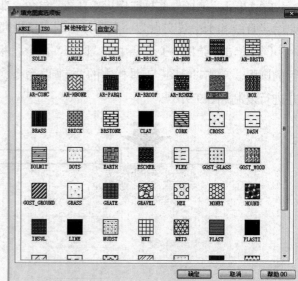

(b) 图案列表

图 9-11    选择景观区填充图案

(10)单击"图案填充和渐变色"对话框右侧的"添加:拾取点"命令,根据设计草图选择步骤 8 中绘制的圆为填充区域后单击"确定"按钮,系统将会回到"图案填充和渐变色"对话框,设置填充比例为 40(图 9-12)。

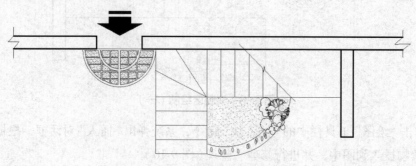

图 9-12    景观区绘制完成

## 二、洽谈区

### 1. 偏移图形

单击"修改"工具栏中的"偏移"命令，将水平内墙线向下进行连续偏移，偏移距离依次为 180mm、3520mm，将竖直内墙线向右连续偏移，偏移距离依次为 452mm、452mm、452mm、452mm、452mm、680mm，并根据设计草图进行修剪（图 9-13）。

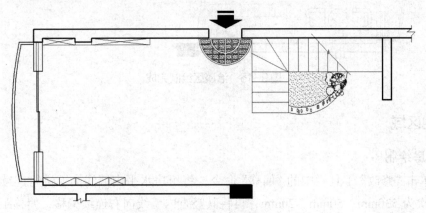

图9-13　洽谈区绘制（1）

### 2. 偏移图形并进行圆角处理

单击"修改"工具栏中的"偏移"命令，将水平内墙线向上进行连续偏移，偏移距离依次为 750mm、350mm，再将竖直内墙线向右连续偏移，偏移距离依次为 2260mm、660mm、1670mm、156mm、350mm，并根据设计草图进行修剪，单击"修改"工具栏中"圆角"命令，根据设计草图进行圆角处理，圆角半径为 500mm，单击"绘图"工具栏中的"圆"命令，在适当位置绘制半径为 142mm 的圆，并向外偏移 18mm（图 9-14）。

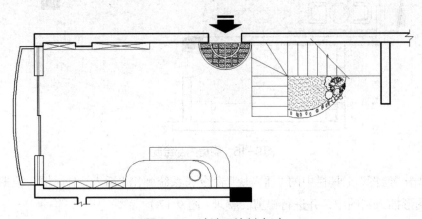

图9-14　洽谈区绘制（2）

### 3. 绘制圆弧并整理

单击"绘图"工具栏中的"圆弧"命令，根据设计草图在图形适当位置绘制几段圆弧。单击"绘图"工具栏中的"插入块"命令，系统弹出"插入"对话框，根据设计草图选择所需图形插入到图中，并进行修剪、整理（图 9-15）。

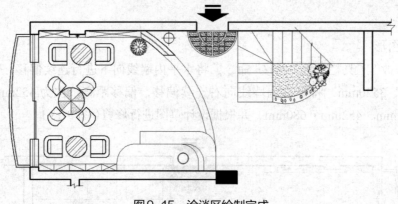

图9-15　洽谈区绘制完成

## 三、其他区域

### 1. 厨房绘制

（1）单击"修改"工具栏中的"偏移"命令，将厨房水平内墙线向上进行连续偏移，偏移距离依次为530mm、50mm、20mm，再将其竖直内墙线向右连续偏移，偏移距离依次为530mm、3153mm，并根据设计草图进行修剪（图9-16）。

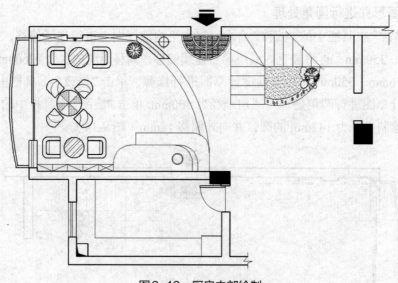

图9-16　厨房内部绘制

（2）单击"绘图"工具栏中的"插入块"命令，系统弹出"插入"对话框，根据设计草图选择所需图形插入到图中，并进行修剪、整理（图9-17）。

### 2. 卫生间及其他区域绘制

（1）单击"修改"工具栏中的"偏移"命令，将卫生间水平内墙线向下进行连续偏移，偏移距离依次为50mm、50mm、600mm、368mm、60mm、370mm、600mm、50mm，将其竖直内墙线向左连续偏移，偏移距离依次为430mm、620mm、60mm，并根据设计草图进行修剪（图9-18）。

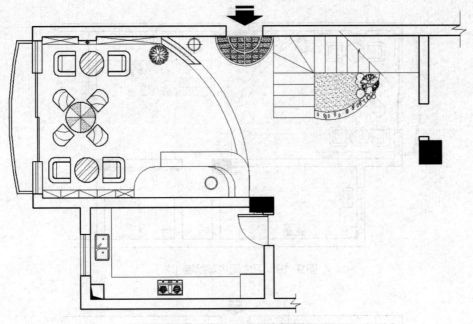

图9-17　厨房内部绘制完成

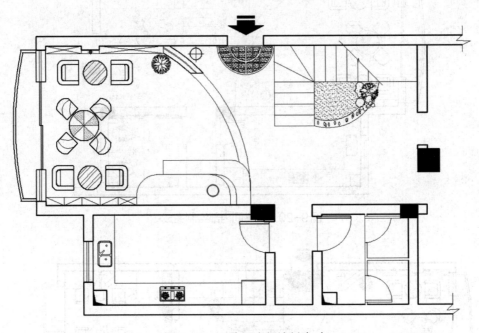

图9-18　卫生间内部绘制（1）

（2）单击"绘图"工具栏中的"矩形"命令，根据设计草图在图形适当位置绘制一个100mm×120mm的矩形，在步骤（16）中分割出的两个空间中分别绘制一个150mm×300mm的矩形，单击"修改"工具栏中的"偏移"命令，将该矩形向内偏移15mm（图9-19）。

（3）单击"绘图"工具栏中的"插入块"命令，系统弹出"插入"对话框，根据设计草图选择所需图形插入到图中，并进行修剪、整理（图9-20）。

（4）根据上述方法完成其他空间的内部绘制（图9-21）。

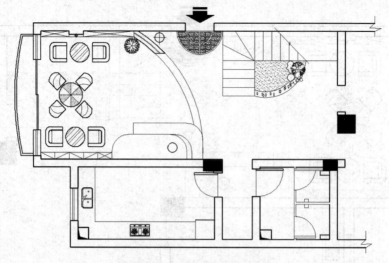

图9-19  卫生间内部绘制（2）

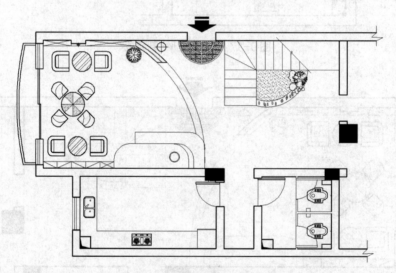

图9-20  卫生间内部绘制完成

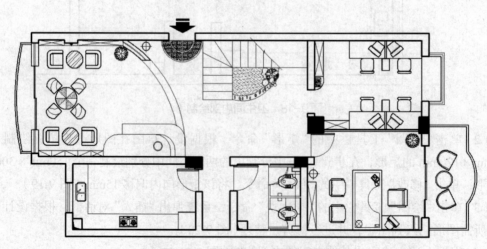

图9-21  其他空间内部绘制完成

（5）根据设计草图添加文字、尺寸标注和其他，并进行整理至绘制完成（图9-22）。

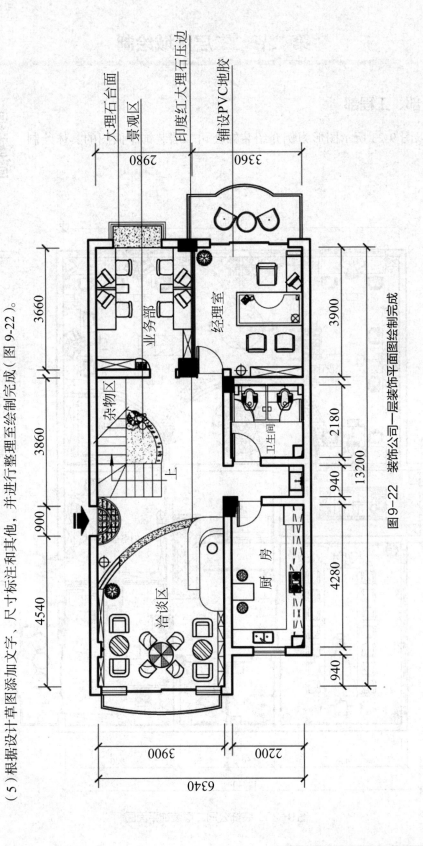

图9-22　装饰公司一层装饰平面图绘制完成

大理石台面

景观区

印度红大理石压边

铺设PVC地胶

业务部

经理室

杂物区

上

卫生间

洽谈区

厨 房

2980

3360

3660

3860

900

4540

3900

2180

940

13200

4280

940

3900

2200

6340

# 第二节　二层区域绘制

## 一、设计部、工程部

下面以图 9-23 所示图形为例介绍装饰公司二层装饰平面图的具体绘制步骤。

二维码 64

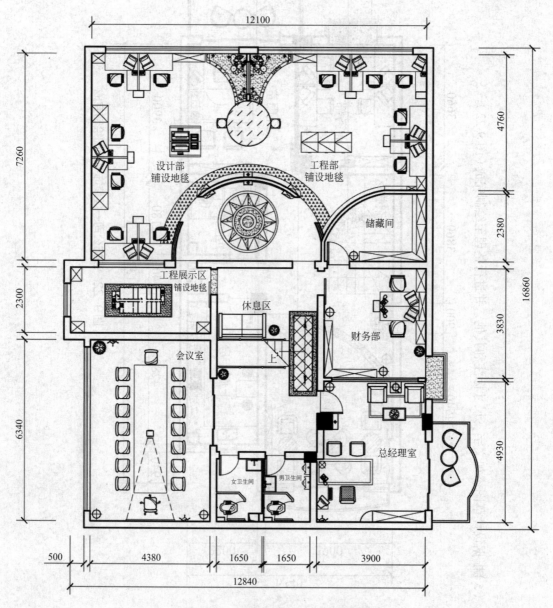

图9-23　装饰公司二层装饰平面图

### 1. 绘图前准备

（1）单击"标准"工具栏中的"打开"命令，系统弹出"打开文件"对话框，选择"装饰公司二层建筑平面图"文件，单击"打开"按钮，打开之前绘制好的装饰公司二层建筑平面图。

（2）选择"文件"→"另存为"命令，将打开的"装饰公司二层建筑平面图"另存为"装饰公司二层装饰平面图"并进行整理（图9-24）。

### 2. 绘制内容

（1）单击"修改"工具栏中的"偏移"命令，根据设计草图将水平窗线向下进行连续偏移，偏移距离依次为300mm、50mm、250mm、700mm、10mm、230mm、10mm，将其竖直内墙线向左连续偏移，偏移距离依

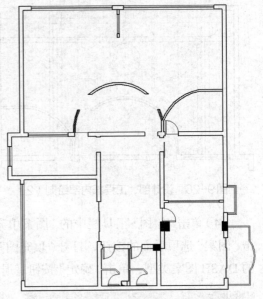

图9-24　整理装饰公司二层建筑平面图

次为480mm、800mm、230mm、10mm、160mm、60mm、160mm、10mm、230mm、800mm、1200mm、50mm、100mm、2844mm、100mm、50mm、856mm、800mm、230mm、10mm、160mm、60mm、160mm、10mm、230mm、1900mm（图9-25）。

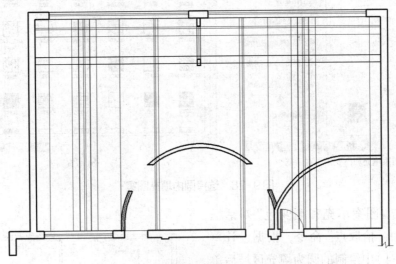

图9-25　设计部、工程部内部绘制（1）

（2）单击"绘图"工具栏中的"圆"命令，根据设计草图在步骤（1）中绘制图形适当位置绘制半径为1600mm的圆，单击"修改"工具栏中的"偏移"命令，将圆向外偏移100mm，单击"修改"工具栏中的"镜像"命令，以方形柱的中心为镜像中心镜像圆。再根据设计草图绘制一个半径为800mm的圆，将圆向内偏移15mm，并使圆与方柱相切（图9-26）。

（3）单击"修改"工具栏中的"修剪"命令，根据设计草图对步骤（2）中的图形进行修剪、整理（图9-27）。

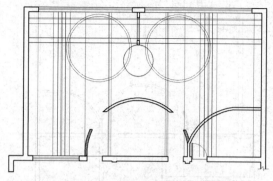

图9-26 设计部、工程部内部绘制（2）

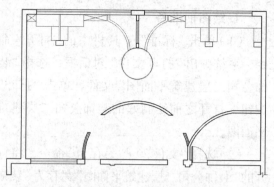

图9-27 设计部、工程部内部绘制（3）

（4）单击"绘图"工具栏中的"图案填充"命令，打开"图案填充和渐变色"对话框。单击"图案"选项后面的按钮，打开"填充图案选项板"对话框，选择"其他预定义"选项卡中的 DASH 图案类型，单击"确定"按钮后退出（图9-28）。

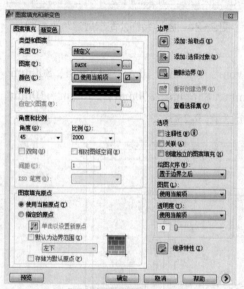

(a)"图案填充和渐变色"对话框

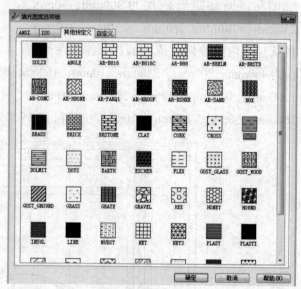

(b) 图案列表

图9-28 选择圆内填充图案

（5）单击"图案填充和渐变色"对话框右侧的"添加：拾取点"命令，根据设计草图选择步骤（4）中绘制的圆为填充区域后单击"确定"按钮，系统将会回到"图案填充和渐变色"对话框，设置角度为45°，填充比例为2000（图9-29）。

（6）按照上述方法绘制出其他办公桌（图9-30）。

（7）单击"绘图"工具栏中的"插入块"命令，系统弹出"插入"对话框，根据设计

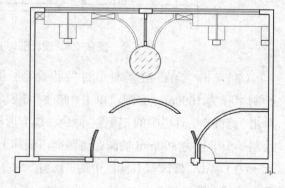

图9-29 设计部、工程部内部绘制（4）

草图选择所需图形插入到图中，并进行修剪、整理（图9-31）。

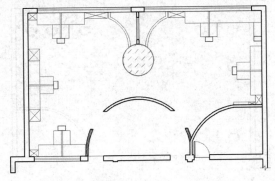

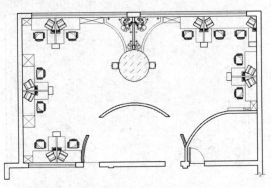

图9-30　设计部、工程部内部绘制（5）　　　　图9-31　设计部、工程部内部绘制（6）

（8）单击"绘图"工具栏中的"图案填充"命令，打开"图案填充和渐变色"对话框。单击"图案"选项后面的按钮，打开"填充图案选项板"对话框，选择"其他预定义"选项卡中的 AR-SAND 图案类型，单击"确定"按钮后退出（图9-32）。

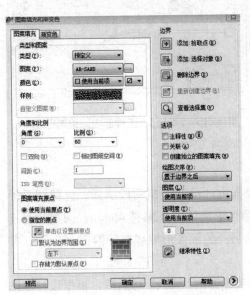

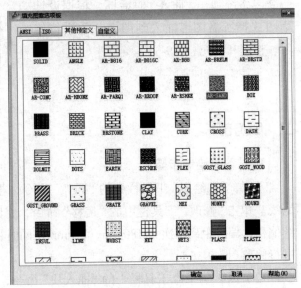

(a)"图案填充和渐变色"对话框　　　　　　　　(b)图案列表

图9-32　选择图形内填充图案

（9）单击"图案填充和渐变色"对话框右侧的"添加：拾取点"命令，根据设计草图选择步骤（8）中绘制的圆为填充区域后单击"确定"按钮，系统将会回到"图案填充和渐变色"对话框，填充比例为60（图9-33）。

（10）单击"绘图"工具栏中的"矩形"命令，根据设计草图在图形适当位置绘制一个1137mm×1037mm 的矩形，并分解矩形，单击"修改"工具栏中的"偏移"命令，将矩形的水平边向下连续偏移，偏移距离依次为60mm、477mm、477mm。在图形另一边适当位置再绘制一个1800mm×700mm 的矩形，并分解矩形，单击"修改"工具栏中的"偏移"命令，将矩形的水平边向下偏移350mm，将矩形的竖直边向右偏移两次，偏移距离均为600mm，并根据设计草图进行修剪和补充（图9-34）。

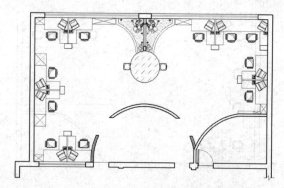

图9-33　设计部、工程部内部绘制（7）

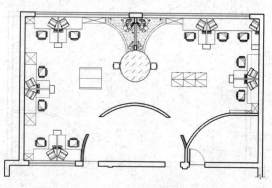

图9-34　设计部、工程部内部绘制（8）

（11）单击"绘图"工具栏中的"插入块"命令，系统弹出"插入"对话框，根据设计草图选择所需图形插入到图中，并进行修剪、整理和补充（图9-35）。

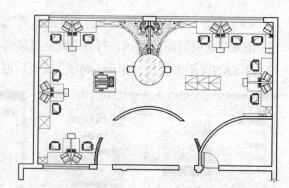

图9-35　设计部、工程部内部绘制完成

## 二、财务部

### 1. 财务部绘制步骤

（1）单击"绘图"工具栏中的"圆弧"命令，根据设计草图绘制两段圆弧，连接圆弧形墙线。单击"修改"工具栏中的"偏移"命令，将圆弧形墙线向下偏移40mm，向上进行连续偏移，偏移距离依次为180mm、270mm，同时将另一边圆弧形墙线向外偏移150mm，并进行修剪（图9-36）。

（2）单击"绘图"工具栏中的"插入块"命令，系统弹出"插入"对话框，根据设计草图选择"拼花瓷砖""灯"等插入到图中，并进行修剪、整理和补充（图9-37）。

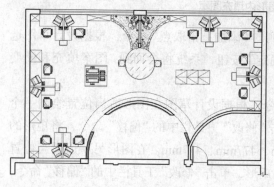

图9-36　偏移图形

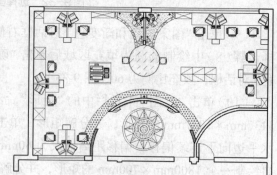

图9-37　修建、补充、整理图形

（3）单击"修改"工具栏中的"偏移"命令，将竖直内墙线向左连续偏移，偏移距离依次为350mm、150mm、1910mm，将其水平内墙线向上进行连续偏移，偏移距离依次为350mm、962mm（图9-38）。

（4）单击"修改"工具栏中的"修剪"命令，根据设计草图对步骤（3）中绘制的图形进行修剪、整理（图9-39）。

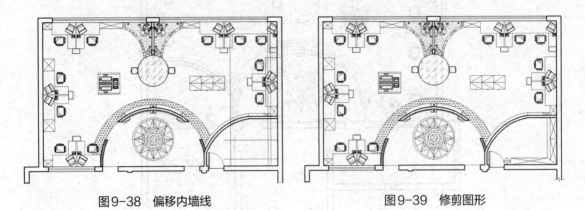

图9-38 偏移内墙线　　　　　　　　　　　图9-39 修剪图形

（5）单击"修改"工具栏中的"偏移"命令，根据设计草图将竖直内墙线向左连续偏移，偏移距离依次为250mm、100mm、1300mm、10mm、230mm、10mm，将其上水平内墙线向下进行连续偏移，偏移距离依次为820mm、300mm、10mm、190mm、190mm、10mm、300mm、820mm，单击"修改"工具栏中的"修剪"命令，根据设计草图对图形进行修剪、整理（图9-40）。

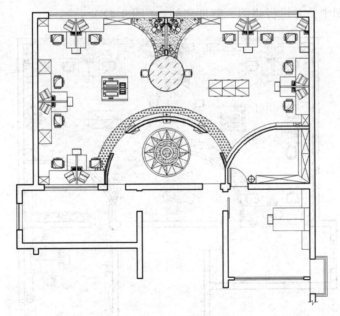

图9-40 财务部绘制（1）

（6）单击"绘图"工具栏中的"矩形"命令，根据设计草图在步骤（5）区域适当位置绘制一个300mm×2000mm的矩形，在其垂直方向绘制一个1600mm×300mm的矩形，并分解矩形。单击"绘图"工具栏中的"直线"命令，根据设计草图绘制矩形的交叉线，并进行调整（图 9-41）。

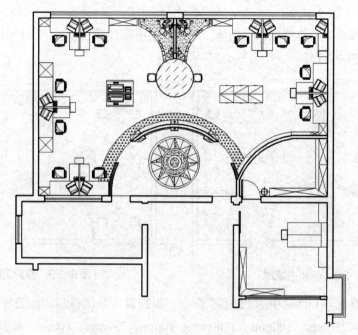

图9-41　财务部内部绘制（2）

## 2.财务部绘制细节处理

单击"绘图"工具栏中的"插入块"命令，系统弹出"插入"对话框，根据设计草图选择所需图形插入到图中，并进行修剪、整理和补充（图 9-42）。

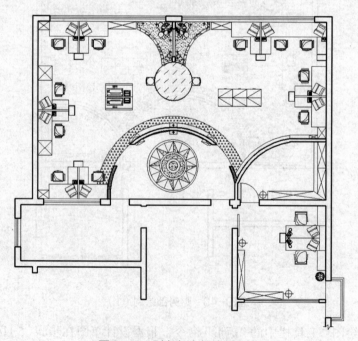

图9-42　财务部内部绘制完成

### 三、工程展示区和会议室

#### 1.具体绘制步骤

（1）单击"修改"工具栏中的"偏移"命令，根据设计草图将竖直内墙线向左连续偏移，偏移距离依次为1700mm、120mm、260mm、260mm、260mm，将其上水平内墙线向下进行连续偏移，偏移距离依次为1600mm、900mm，单击"绘图"工具栏中的"直线"命令，根据设计草图绘制一条斜线以及折断线，并根据设计草图对图形进行修剪、整理（图9-43）。

（2）单击"绘图"工具栏中的"直线"命令，根据设计草图在图形适当位置绘制两条长度为735mm的平行直线（直线间距为20mm），单击"绘图"工具栏中的"圆"命令，在直线两端各绘制一个半径为30mm的圆，并根据需要复制直线和圆（图9-44）。

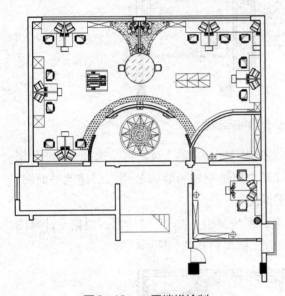

图9-43 二层楼梯绘制

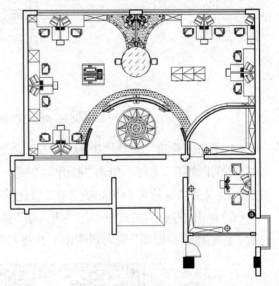

图9-44 绘制并复制图形

（3）单击"绘图"工具栏中的"插入块"命令，系统弹出"插入"对话框，根据设计草图选择所需图形插入到图中，并进行修剪、整理和补充（图9-45）。

（4）单击"绘图"工具栏中的"矩形"命令，根据设计草图在工程展示区中心位置绘制一个2450mm×1140mm的矩形，并将该矩形向内偏移25mm，然后在该区域的三个角落各绘制一个500mm×400mm的矩形，在其入口处绘制一个55mm×888mm的矩形，并根据设计草图进行修整（图9-46）。

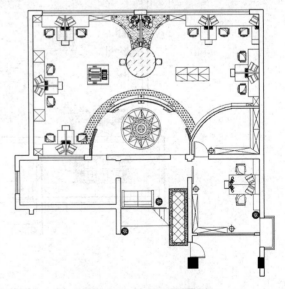

图9-45 插入所需图形

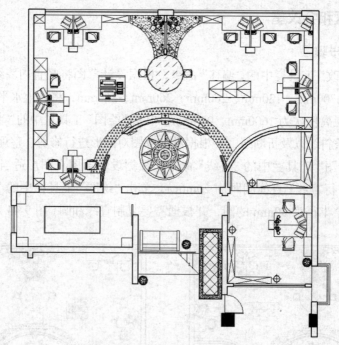

图9-46 工程展示区内部绘制

（5）单击"标准"工具栏中的"打开"命令，弹出"打开文件"对话框，选择"装饰公司二层建筑平面图"文件，单击"打开"按钮，打开之前绘制好的装饰公司二层建筑平面图，并将其定义为块，块名为"装饰公司二层建筑平面图"。

（6）单击"绘图"工具栏中的"插入块"命令，系统弹出"插入"对话框，根据设计草图选择"住宅建筑平面图"插入到图中，并进行修剪、整理和补充（图9-47）。

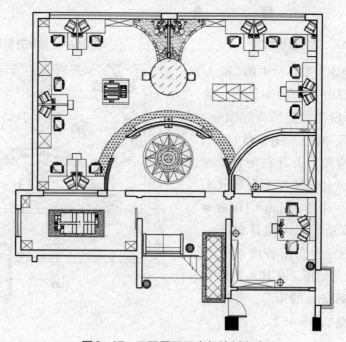

图9-47 工程展示区内部绘制完成

（7）单击"绘图"工具栏中的"矩形"命令，根据设计草图在会议室中心位置绘制一个 1200mm×4480mm 的矩形，然后在该区域的下水平内墙线中点处绘制一个 50mm×1800mm 的矩形（该矩形水平边的中点与会议室水平内墙线的中点一致），单击"绘图"工具栏中的"圆"命令，在图形适当位置绘制一个半径为 120mm 的圆，并将其向内进行偏移，偏移距离依次为 66mm、36mm。最后根据设计草图进行修整（图 9-48）。

**2. 细节处理**

单击"绘图"工具栏中的"样条曲线"命令，根据设计草图在圆上绘制曲线。单击"绘图"工具栏中的"插入块"命令，系统弹出"插入"对话框，根据设计草图选择所需图形插入到图中，并进行修剪、整理和补充（图 9-49）。

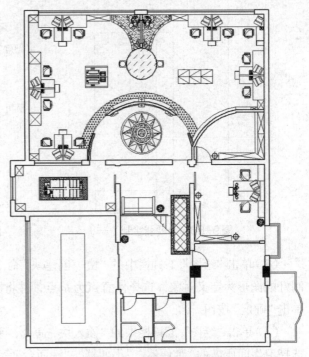

图 9-48 会议室内部绘制

## 四、二层细节绘制与整理

**1. 小便池绘制**

（1）单击"绘图"工具栏中的"矩形"命令，在图形空白位置绘制一个 175mm×450mm 的矩形，并分解。单击"修改"工具栏中的"偏移"命令，根据设计草图将矩形的竖直边向左进行连续偏移，偏移距离依次为 138mm、38mm、125mm，将其水平边向下进行连续偏移，偏移距离依次为 50mm、350mm、50mm，单击"绘图"工具栏中的"直线"命令，根据设计草图绘制两条斜线（图 9-50）。

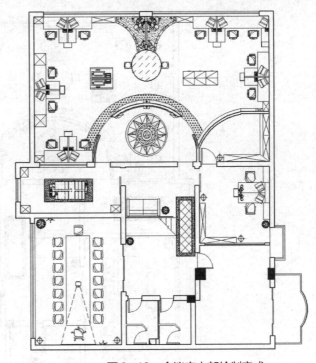

图 9-49 会议室内部绘制完成

（2）单击"修改"工具栏中的"圆角"命令，根据设计草图对步骤（1）中绘制的图形进行圆角处理，单击"绘图"工具栏中的"圆"命令，在图形适当位置绘制一个半径为 25mm 的圆，并修剪（图 9-51）。

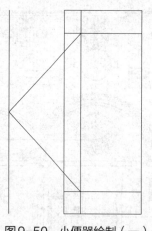

图9-50　小便器绘制（一）

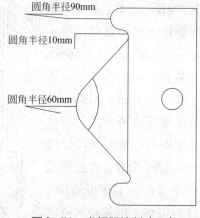

圆角半径90mm
圆角半径10mm
圆角半径60mm

图9-51　小便器绘制（二）

（3）单击"绘图"工具栏中的"块→创建块"命令，系统弹出"块定义"对话框。选择绘制好的图形为定义对象，选择任意点为基点，并将图形定义为块，块名为"小便器"，最后单击"确定"按钮。

（4）单击"绘图"工具栏中的"插入块"命令，系统弹出"插入"对话框，根据设计草图选择卫生间所需的"蹲便器""小便器""洗面台"等插入到图中，并进行修剪、整理和补充（图9-52）。

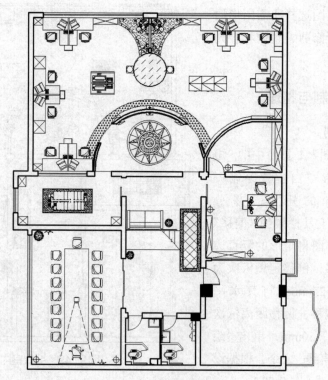

图9-52　插入所需图形

### 2. 总经理室绘制及后期整理

（1）单击"绘图"工具栏中的"矩形"命令，根据设计草图在总经理办公室区域内绘制一个 2000mm×900mm 的矩形。单击"修改"工具栏中的"偏移"命令，将矩形向内偏移 80mm，在其水平边向下绘制一个 850mm×405mm 的矩形，然后在该矩形旁边绘制一个 153mm×432mm 的矩形，并将其向内偏移 27mm，单击"修改"工具栏中的"圆角"命令，对小矩形的边角进行圆角处理，其圆角半径为 30mm（图 9-53）。

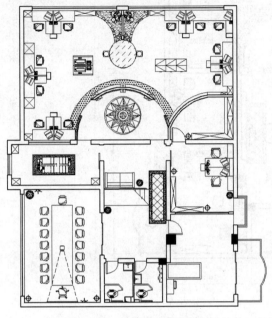

图9-53  总经理室内部绘制

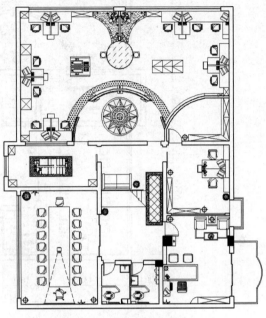

图9-54  总经理室内部绘制完成

（2）单击"绘图"工具栏中的"插入块"命令，系统弹出"插入"对话框，根据设计草图选择总经理室所需图形插入到图中，并进行修剪、整理和补充（图 9-54）。

（3）单击"绘图"工具栏中的"插入块"命令，系统弹出"插入"对话框，根据设计草图选择其他所需图形插入到图中，并进行修剪、整理和补充（图 9-55）。

（4）根据设计草图添加文字、尺寸标注和其他，并进行整理（图 9-56）。

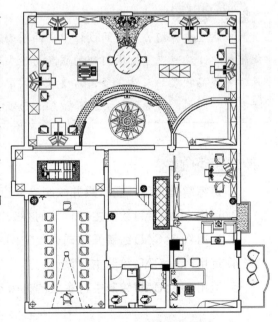

图9-55  补充其他

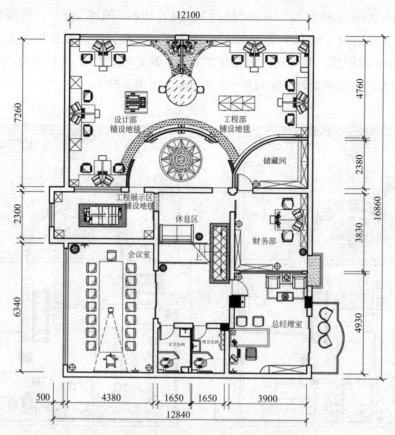

图9-56 装饰公司二层装饰平面图绘制完成

## 本章小结

　　本章主要介绍办公空间设计中平面图的基本绘图操作和技巧，办公空间的墙体结构比较简单，难点在于空间内部的隔断与造型，此外办公家具可以直接调用成品模型，但是注意成品模型的尺寸繁多，需要根据实际情况进行必要的修改。整个章节讲解由浅入深、简单实用，读者可以快速掌握AutoCAD的相关制图命令与制图技巧。

## 课后练习题

　　1. 熟练掌握基础绘图工具并绘制办公空间平面图。

　　2. 运用AutoCAD绘制主打科技的办公空间平面图。

　　3. 运用AutoCAD绘制开敞式办公空间平面图。

　　4. 运用AutoCAD绘制主打设计的办公空间平面图。

　　5. 运用AutoCAD绘制主打金融的办公空间平面图。

# 第十章
# 庭院景观图绘制实例

学习难度：★★★★☆

重点概念：中式庭院、广场长廊

章节导读：庭院景观设计制图中会融入大量绿化树木和庭院构造设置，这些图形应当预先绘制，或通过网络下载一批图形素材备用，本书素材库也提供了丰富的庭院景观图库素材，供设计制图时调用。对于具有设计造型构造仍然需要绘制，本章详细介绍庭院景观设计方案的图纸绘制特点，同时也对本书内容进行总结。

## 第一节　庭院景观平面图绘制准备

本节将以图 10-1 所示图形为例介绍中式酒楼庭院景观平面图的具体绘制步骤。

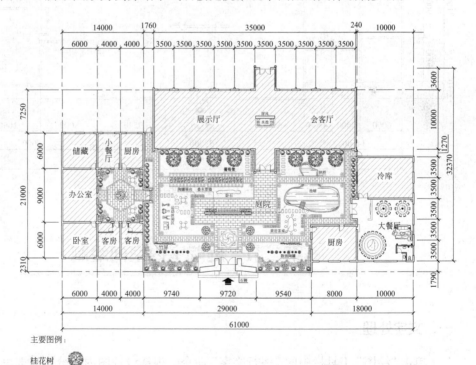

主要图例：

桂花树
花台香樟
广玉兰　　800mm×400mm芝麻灰花岗岩
金边黄杨　240mm×120mm煤矸石砖

木桩凳

鹅卵石
喷泉叠水池

600mm×300mm芝麻灰花岗岩
马尼拉草坪

图10-1　中式酒楼庭院景观平面图绘制

## 一、打开文件

单击"标准"工具栏中的"打开"命令，弹出"打开文件"对话框，选择"中式酒楼庭院景观"文件，单击"打开"按钮，打开之前绘制好的"中式酒楼庭院景观"。

## 二、整理并另存文件

选择"文件"→"另存为"命令，将打开的"中式酒楼庭院景观"另存为"中式酒楼庭院景观平面图"并进行整理（图 10-2）。

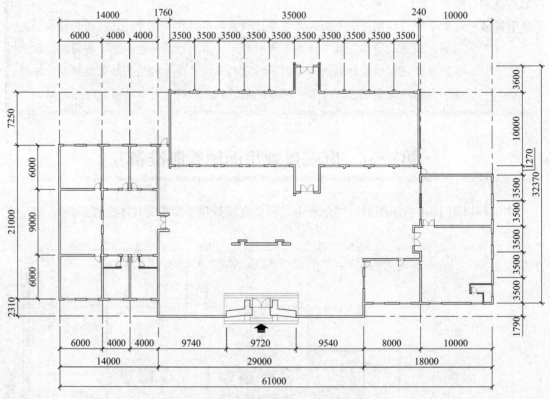

图10-2　中式酒楼庭院景观平面图

# 第二节　庭院室内空间绘制

## 一、文字处理

单击"绘图"工具栏中的"多行文字"命令，根据设计图内容分别对非庭院景观的室内空间标注上区域名称，从左到右的房间分别是"客房""卧室""办公室""储藏""小餐厅""厨房""展示厅""会客厅""冷库""大餐厅"和"厨房"（图 10-3）。

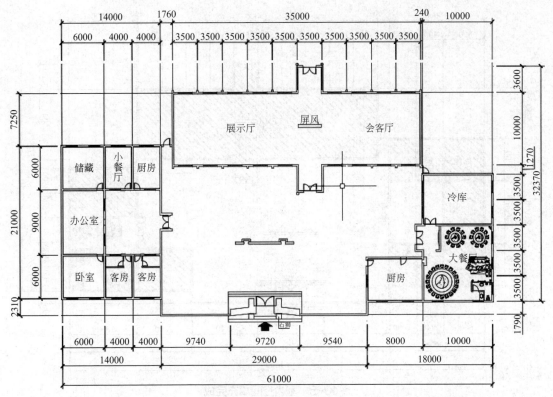

图10-3 标注室内空间

## 二、图案填充

单击"绘图"工具栏中的"图案填充"命令，打开"图案填充和渐变色"对话框。单击"图案"选项后面的按钮，打开"填充图案选项板"对话框，选择"ANSI"选项卡中的ANSI31图案类型，单击"确定"按钮后退出（图10-4、图10-5）。

(a)"图案填充和渐变色"对话框       (b)图案列表

图10-4 选择室内空间填充图案

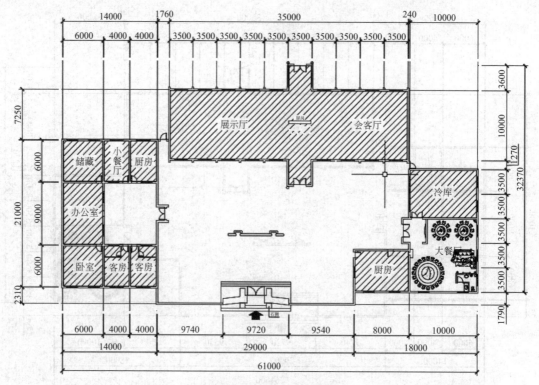

图10-5　室内空间填充完成

# 第三节　庭院路牙绘制

## 一、绘制六角亭轮廓

（1）单击"绘图"工具栏中的"圆"命令，以"客房"所在的小院落的中心为圆心，绘制一个直径为2400的圆。单击"绘图"工具栏中的"多边形"命令，输入侧面数为"6"，指定圆心，选择"内接于圆"（图10-6）。

（2）单击"修改"工具栏中的"偏移"命令，将六边形向内进行连续偏移，偏移距离依次为150mm、1350mm和240mm（图10-7）。

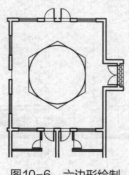

图10-6　六边形绘制

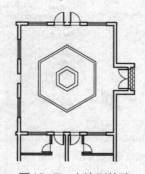

图10-7　六边形偏移

## 二、绘制路牙及行走道路

（1）单击"绘图"工具栏中的"直线"命令，在六边形与院落的各个房门之间绘制一条宽 2400 的人行道路（图 10-8）。单击"修改"工具栏中的"偏移"命令，将道路两侧的线段向内偏移 150mm，做路牙（图 10-9）。

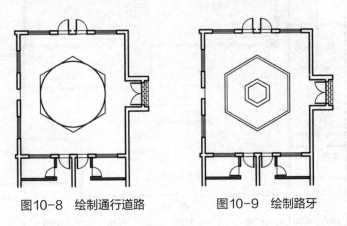

图10-8　绘制通行道路　　　　　图10-9　绘制路牙

（2）单击"绘图"工具栏中的"直线"命令，根据步骤（1）的方法绘制如图所示的院落道路（图 10-10）。并偏移 150mm 做路牙（图 10-11）。

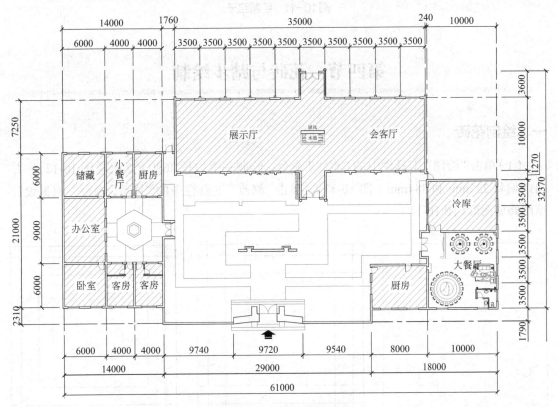

图10-10　绘制行走道路

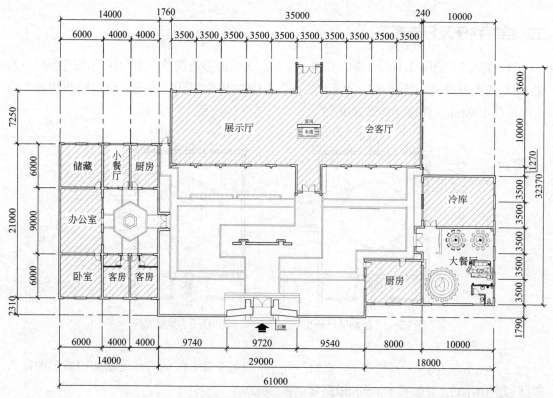

图10-11　绘制路牙

# 第四节　花砖与踏步绘制

## 一、绘制花砖

（1）单击"绘图"工具栏中的"直线"命令，绘制一个边长3600的矩形（图10-12），并向内偏移225mm和384mm（图10-13）。单击"修改"工具栏中的"修剪"命令，根据设计草图修剪图形（图10-14）。

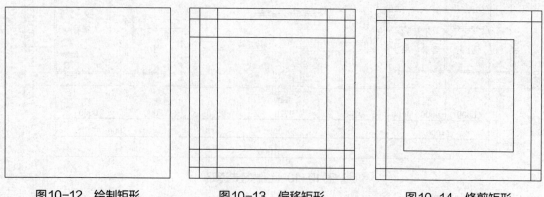

图10-12　绘制矩形　　　　图10-13　偏移矩形　　　　图10-14　修剪矩形

（2）单击"绘图"工具栏中的"直线"命令，以矩形的中心为准，做两条交叉垂直的辅助线。单击"绘图"工具栏中的"直线"命令，根据设计草图绘制一个等边菱形（图10-15）。单击"修改"工具栏中的"偏移"命令，将菱形向内偏移173mm（图10-16）。

（3）单击"修改"工具栏中的"修剪"命令，根据设计草图修剪图形（图10-17）。单击"绘图"工具栏中的"直线"命令，找出菱形的中点，单击"绘图"工具栏中的"圆"命令，绘制一个直径为973mm的圆（图10-18）。

（4）选择圆，单击"修改"工具栏中的"复制"按钮，复制圆。选择圆，单击"修改"工具栏中的"旋转"命令，以圆心为基点，旋转59°。重复操作以上步骤，绘制如图所示的花形（图10-19）。单击"修改"工具栏中的"修剪"命令，如图10-20所示修剪图形。入户花砖绘制完成。

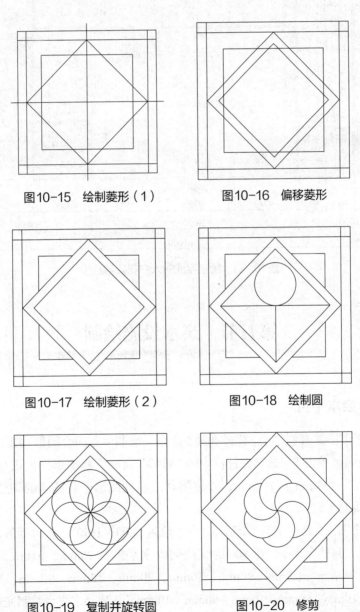

图10-15　绘制菱形（1）　　　　　图10-16　偏移菱形

图10-17　绘制菱形（2）　　　　　图10-18　绘制圆

图10-19　复制并旋转圆　　　　　图10-20　修剪

## 二、绘制踏步并将其置入图纸中

单击"绘图"工具栏中的"矩形"命令输入"300,600"绘制踏步。根据设计草图摆放踏步（图10-21）。

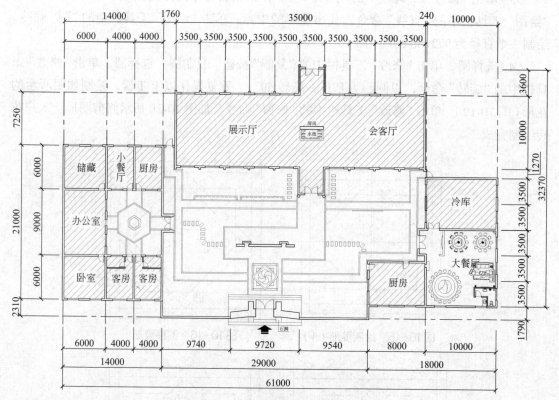

图10-21 绘制完成的入户花砖与踏步

# 第五节 亲水设施绘制

## 一、绘制木质亲水平台

（1）单击"绘图"工具栏中的"样条曲线"命令，绘制一条闭合图形（图10-22）。

（2）选择图形，单击"修改"工具栏中的"偏移"命令，将图形向内进行水平直线连续偏移，偏移距离为130mm和150mm，并将偏移之后的图形进行适当的调整，使其看起来更加自然（图10-23）。

（3）单击"绘图"工具栏中的"矩形"命令，输入"800，1190"。分解矩形，然后单击"修改"工具栏中的"偏移"命令，将800的线段向内水平偏移90mm、10mm、90mm、10mm、90mm、10mm、90mm、10mm、90mm、10mm、90mm、10mm、90mm、10mm、90mm、10mm、90mm、10mm、90mm、10mm。木质亲水平台绘制完成（图10-24）。

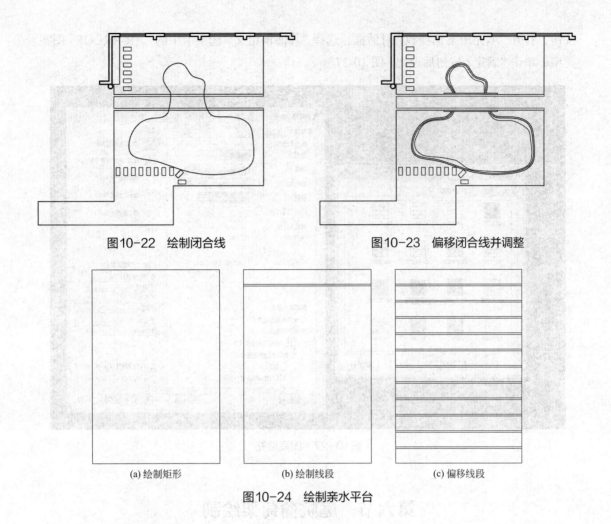

图10-22　绘制闭合线

图10-23　偏移闭合线并调整

(a) 绘制矩形

(b) 绘制线段

(c) 偏移线段

图10-24　绘制亲水平台

## 二、绘制驳岸石和池塘

（1）单击"绘图"工具栏中的"多段线"命令，根据设计草图绘制驳岸石（图10-25）。

（2）单击"绘图"工具栏中的"多行文字"命令，命名"池塘"（图10-26）。单击"绘图"工具栏中的"图案填充"命令，打开"图案填充和渐变色"对话框。单击"图案"选项后面的

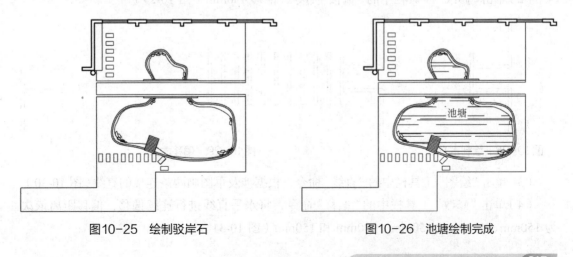

图10-25　绘制驳岸石

图10-26　池塘绘制完成

按钮，打开"填充图案选项板"对话框，选择"其他预定义"选项卡中的"AR-RROOF"图案类型，单击"确定"按钮后退出（图 10-27）。

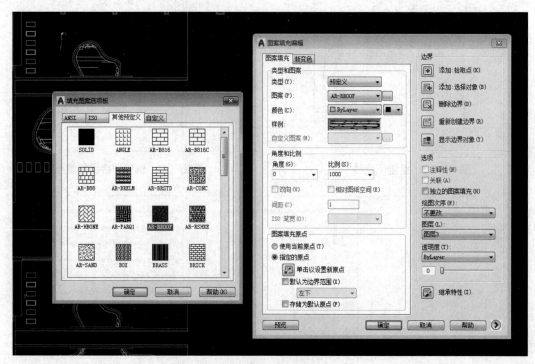

图10-27　图案填充

# 第六节　庭院葡萄架绘制

## 一、基础轮廓绘制

（1）单击"绘图"工具栏中的矩形命令，输入"150,2300"绘制葡萄架顶的木方（图 10-28）。

（2）单击"修改"工具栏中的"偏移"命令，偏移 450mm（图 10-29）。

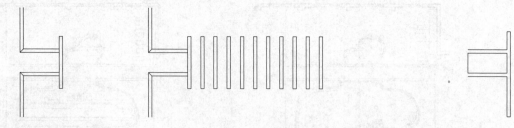

图10-28　绘制木方　　　　　　　　　　　　　　图10-29　偏移木方

（3）单击"绘图"工具栏中的"直线"命令，根据涉及草图画两条连接的直线（图 10-30）。

（4）单击"修改"工具栏中的"偏移"命令，将水平直线进行连续偏移，偏移距离依次为 150mm、400mm、150mm、900mm 和 150mm（图 10-31）。

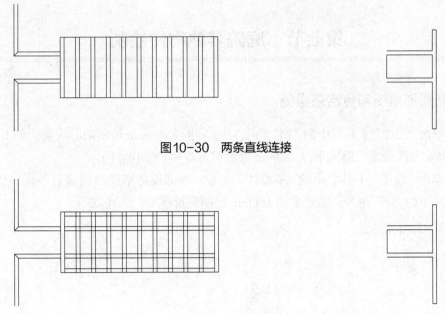

图10-30　两条直线连接

图10-31　偏移直线

## 二、后期整理

（1）单击"修改"工具栏中的"修剪"命令，根据设计草图进行修剪图形（图10-32）。

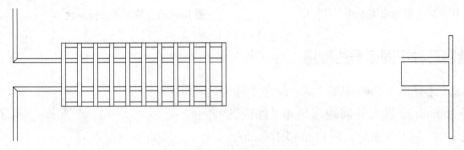

图10-32　修剪图形

（2）单击"修改"工具栏中的"复制"命令，复制葡萄架中间的连接木方，如图10-33所示。单击"修改"工具栏中的"镜像"命令，以上一步绘制的连接木方的中点为基准复制之前绘制好的葡萄架顶。葡萄架绘制完成。

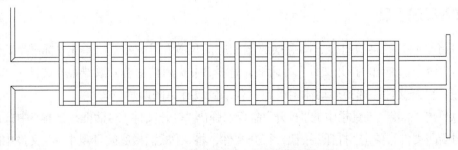

图10-33　复制图形、绘制葡萄架完成

# 第七节　庭院其他物件绘制

## 一、绘制圆形桌椅和黄岩茶桌椅

（1）单击"绘图"工具栏中的"圆"命令，输入半径400mm绘制圆心茶桌。单击"绘图"工具栏中的"圆"命令，输入半径180mm绘制圆形座椅（图10-34）。

（2）单击"绘图"工具栏中的"多段线"命令，根据设计草图绘制黄岩茶桌。单击"绘图"工具栏中的"圆"命令，输入半径180mm绘制圆形座椅（图10-35）。

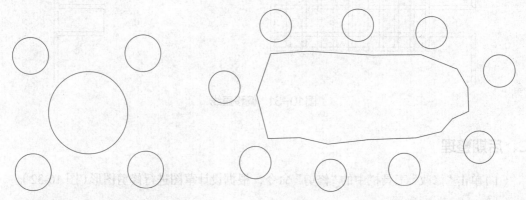

图10-34　圆形桌椅组合　　　　　图10-35　黄岩茶桌椅组合

## 二、绘制三种不同型号的陶罐

单击"绘图"工具栏中的"圆"命令，输入半径300mm绘制大号陶罐，单击"修改"工具栏中的"偏移"命令，向内偏移160mm、20mm。输入半径240mm绘制中号陶罐，单击"修改"工具栏中的"偏移"命令，向内偏移130mm、20mm。输入半径190mm绘制小号陶罐，单击"修改"工具栏中的"偏移"命令，向内偏移100mm、15mm（图10-36）。

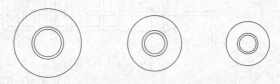

图10-36　装饰陶罐绘制

## 三、置入景观小品

（1）将绘制好的桌椅组合、陶罐摆放至相应的位置（图10-37）。单击"标准"工具栏中的"打开"命令，弹出"打开文件"对话框，选择"中式酒楼庭院景观小品"文件，单击"打开"按钮，打开文件，选择运动休闲设施，移动到设计草图所示位置。

（2）单击"标准"工具栏中的"打开"命令，弹出"打开文件"对话框，选择"中式酒楼庭院景观小品"文件，单击"打开"按钮，打开文件，将"中式酒楼庭院景观小品"文件中的小品复制到"中式酒楼庭院景观平面图"文件中，并根据设计草图摆放植物及各类小品（图10-38）。

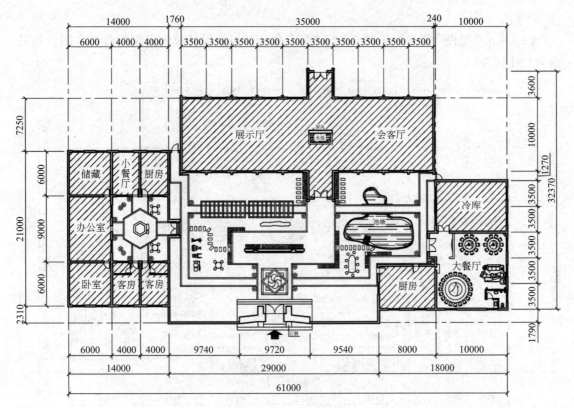

图10-37 放置小品

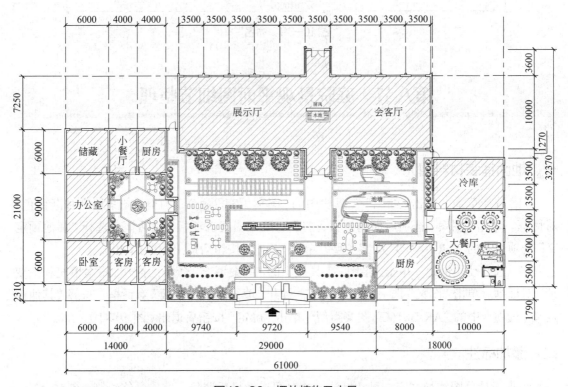

图10-38 摆放植物及小品

（3）单击"绘图"工具栏中的"多行文字"命令，根据设计草图分别给各类空间及物品命名（图10-39）。

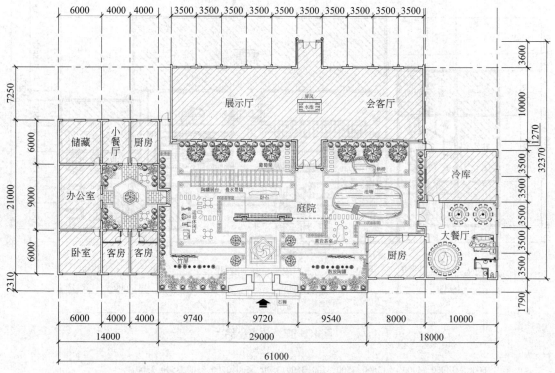

图10-39　命名

# 第八节　庭院景观平面图细节整理

## 一、地面铺装材料填充

（1）选择草地，单击"绘图"工具栏中的"图案填充"命令，打开"图案填充和渐变色"对话框。单击"图案"选项后面的按钮，打开"填充图案选项板"对话框，选择"其他预定义"选项卡中的"AR-SAND"图案类型，单击"确定"按钮后退出（图10-40）。

（2）选择硬质铺地，单击"绘图"工具栏中的"图案填充"命令，打开"图案填充和渐变色"对话框。单击"图案"选项后面的按钮，打开"填充图案选项板"对话框，选择"其他预定义"选项卡中的"AR-B816C"图案类型，单击"确定"按钮后退出（图10-41）。

## 二、添加标注

根据设计草图添加文字、尺寸标注，并对图形做最后调整，完成最终绘制（图10-42）。

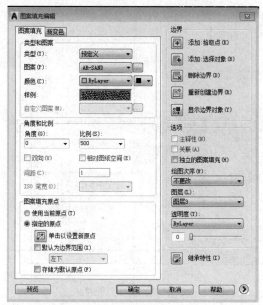

(a)"图案填充和渐变色"对话框      (b) 图案列表

图10-40 填充草地

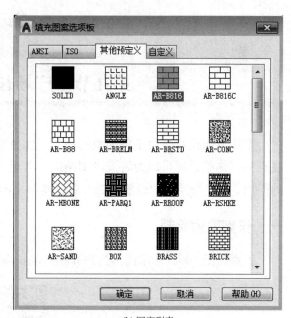

(a)"图案填充和渐变色"对话框      (b) 图案列表

图10-41 填充硬质铺地

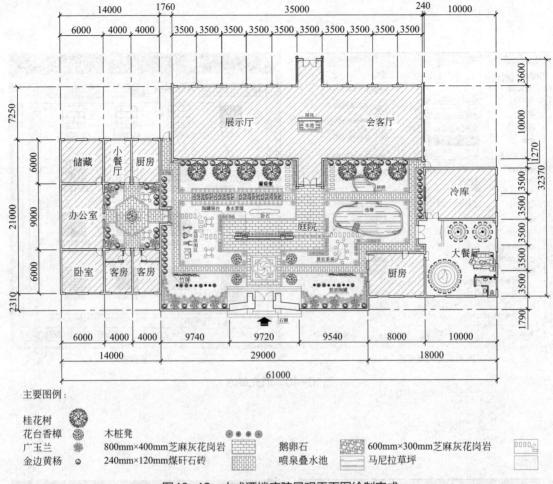

主要图例：

桂花树
花台香樟　　木桩凳
广玉兰　　　800mm×400mm芝麻灰花岗岩　　　鹅卵石　　　600mm×300mm芝麻灰花岗岩
金边黄杨　　240mm×120mm煤矸石砖　　　喷泉叠水池　　马尼拉草坪

图10-42　中式酒楼庭院景观平面图绘制完成

# 第九节　广场长廊绘制前期

　　木质休憩长廊可用于各类型的广场、园林绿地中，一般设置在风景优美的地方供休息或点景。休憩长廊可以为游人遮阴纳凉，若是在长廊上种植攀爬植物则可以起到分隔景物的作用。在广场空间中设置景观长廊，能够增添浓厚的艺术气息。

## 一、长廊轮廓绘制

　　下面以图10-43所示图形为例介绍广场长廊景观平面图的具体绘制步骤。

二维码66

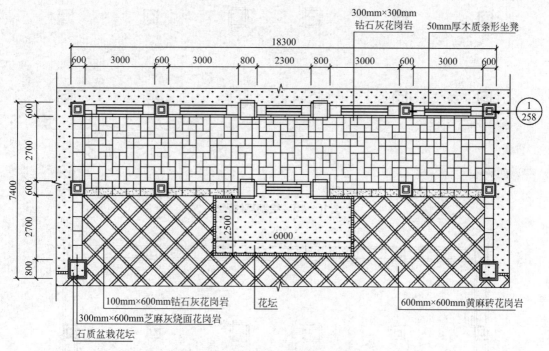

图10-43 广场长廊景观平面图

（1）单击"绘图"工具栏中的"矩形"命令，输入"600，600"绘制廊柱外部轮廓。单击"修改"工具栏中的"偏移"命令将矩形向内偏移 50mm、100mm 以及 50mm。单个廊柱绘制完成，选择廊柱，单击"修改"工具栏中的"偏移"命令，将廊柱向下偏移 3300mm、3400mm。选择前两个廊柱，单击"修改"工具栏中的"偏移"命令，将这两个廊柱向右偏移 3600mm、3700mm、3100mm、3700mm 以及 3600mm，最后删除最下方一排中间的四个廊柱，只留下两边的廊柱（图 10-44）。

图10-44 绘制廊柱

（2）删除最下方两边廊柱内的偏移矩形，仅留下外部轮廓，单击"修改"工具栏中的"偏移"命令将矩形向外偏移 50mm 和 55mm，外廊柱绘制完成。删除上两排中间的四个廊柱内的偏移矩形，仅留下外部轮廓。单击"绘图"工具栏中的"矩形"命令，输入"600，800"绘制两个交叉的矩形，中间四个廊柱绘制完成（图 10-45）。

（3）单击"绘图"工具栏中的"直线"命令，做连接各个廊柱的辅助线。单击"修改"工具栏中的"偏移"命令，将连接的直线向内偏移 100mm 并整理（图 10-46）。

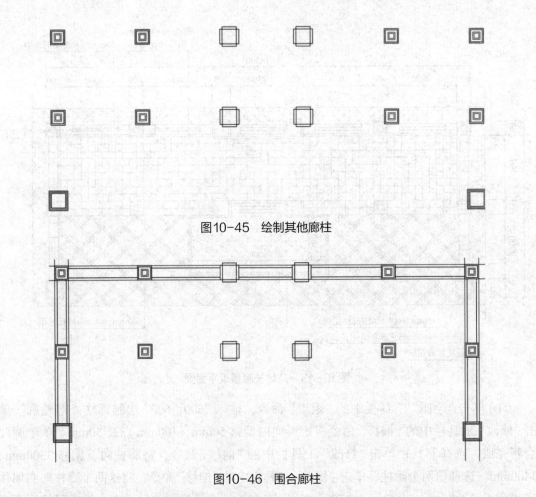

图10-45　绘制其他廊柱

图10-46　围合廊柱

## 二、后期处理

（1）选择上方廊柱的辅助线，单击"修改"工具栏中的"偏移"命令，向下偏移300mm、600mm、600mm、600mm、1500mm、600mm、600mm、600mm。选择辅助线，单击"修改"工具栏中的"偏移"命令，向右偏移500mm、2000mm、1600mm、2000mm、1700mm、1500mm、1700mm、2000mm、1600mm、2000mm，并根据设计草图进行修剪（图10-47）。

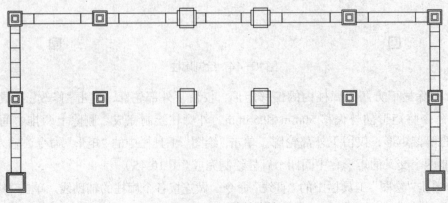

图10-47　连接廊柱

（2）单击"修改"工具栏中"偏移"命令，根据设计草图，将上方廊柱的连接线向下进行连续偏移，偏移距离依次为123mm、20mm、123mm、20mm。单击"修改"工具栏中的"修剪"命令，根据设计草图将所绘制的图形进行修剪和整理（图10-48）。

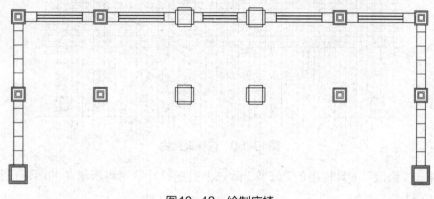

图10-48　绘制座椅

（3）单击"绘图"工具栏中的"直线"命令，以左侧的门廊柱为基准，绘制花坛，线段的长度分别为1050mm、2500mm、6000mm、2500mm和1050mm。之后向内偏移100mm，花坛绘制完成。选择上方正中间的座椅，单击"修改"工具栏中的"复制"命令，将座椅复制到如图所示位置（图10-49）。

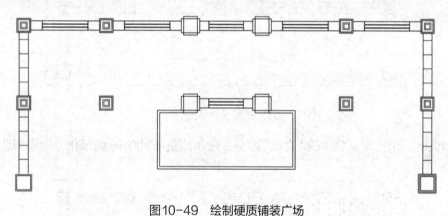

图10-49　绘制硬质铺装广场

## 第十节　广场长廊地面铺装绘制

### 一、绘制绿化区

（1）单击"绘图"工具栏中的"直线"命令，连接上方左右两侧的廊柱。选择连接的线段，单击"修改"工具栏中的"偏移"命令，向上偏移1200mm，向下进行连续偏移11次300mm之后再向下偏移3800mm。单击"绘图"工具栏中的"直线"命令，连接左侧的两个廊柱。选择连接的线段，单击"修改"工具栏中的"偏移"命令，向右偏移1200mm，向右进行连续偏移 57 次 300mm 之后再向右偏移 1200mm（图 10-50）。

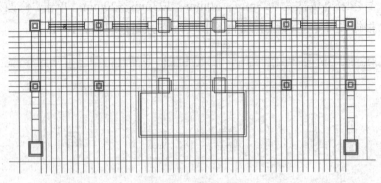

图10-50　偏移辅助线

（2）单击"修改"工具栏中的"修剪"命令，根据设计草图将所绘制的图形进行修剪和整理（图 10-51）。

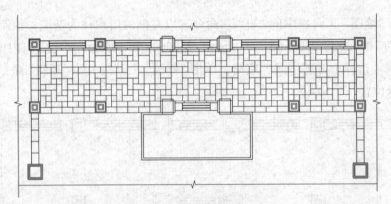

图10-51　根据设计草图进行修剪

（3）单击"绘图"工具栏中的"直线"命令，绘制两条宽 100mm 的绿化分隔线（图 10-52）。

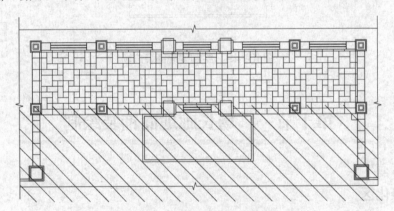

图10-52　绘制绿化分隔线

（4）单击"绘图"工具栏中的"直线"命令，绘制一条垂直于右侧廊柱的辅助直线。单击"修改"工具栏中的"旋转"命令，输入"45°"，选择旋转后的直线，单击"修改"工具栏中的"偏移"命令，向左偏移 23 次 700mm，单击"修改"工具栏中的"偏移"命令，将斜线都向左偏移100mm，形成一个宽度（图10-53）。

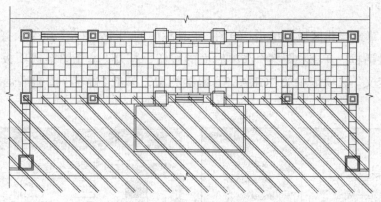

图10-53 绘制斜线条

（5）单击"绘图"工具栏中的"直线"命令，绘制一条垂直于左侧廊柱的辅助直线。单击"修改"工具栏中的"旋转"命令，输入"–45°"选择旋转后的直线，单击"修改"工具栏中的"偏移"命令，向左偏移22次700mm，单击"修改"工具栏中的"偏移"命令，将斜线都向右偏移100mm，形成一个宽度（图10-54）。

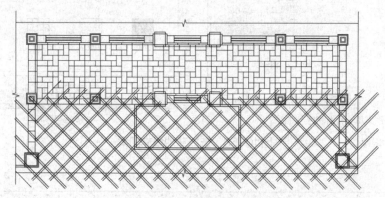

图10-54 绘制交叉线条

（6）单击"修改"工具栏中的"修剪"命令，根据设计草图将所绘制的图形进行修剪和整理（图10-55）。

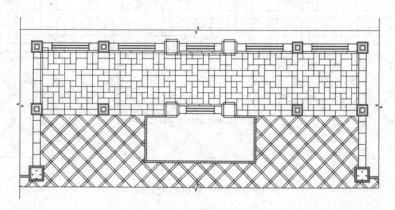

图10-55 修剪图形

## 二、图案填充

（1）选择草地绿化区域，单击"绘图"工具栏中的"图案填充"命令，打开"图案填充和渐变色"对话框。单击"图案"选项后面的按钮，打开"填充图案选项板"对话框，选择"其他预定义"选项卡中的"GRASS"图案类型，单击"确定"按钮后退出（图10-56、图10-57）。

(a)"图案填充和渐变色"对话框　　　　　(b) 图案列表

图10-56　选择草地填充图案

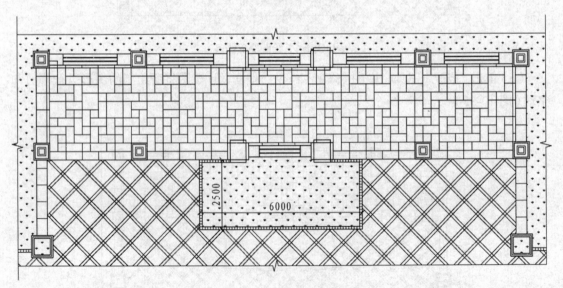

图10-57　草地填充完成

（2）选择硬质铺装区域，单击"绘图"工具栏中的"图案填充"命令，打开"图案填充和渐变色"对话框。单击"图案"选项后面的按钮，打开"填充图案选项板"对话框，选择"其他预定义"选项卡中的"AR-SAND"图案类型，单击"确定"按钮后退出（图10-58、图10-59）。

(a)"图案填充和渐变色"对话框

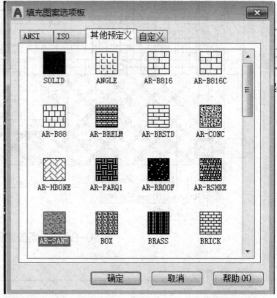

(b) 图案列表

图10-58 选择硬质铺装填充图案

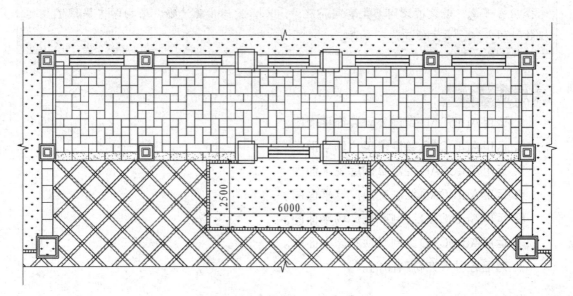

图10-59 硬质铺装填充完成

（3）根据设计草图添加文字、尺寸标注，并对图形做最后调整，完成最终绘制（图9-60）。

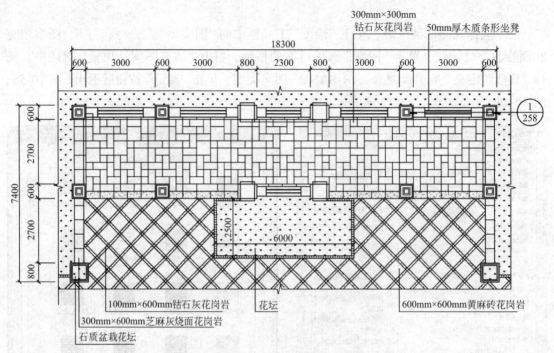

图10-60　广场长廊景观平面图绘制完成

## 本章小结

　　建筑与户外设计图的绘制是较复杂的，既要把控好建筑结构，又要配置绿化植物，提高图面效果，图纸绘制的关键在于材料的填充，对不同绿化、地面铺装材质等图案的选择应当谨慎，避免彼此间产生雷同而混淆。本章案例步骤清晰，给初学者提供了极具操作性的内容，更方便查询和参考。

## 课后练习题

1. 运用 AutoCAD 绘制公园装饰平面图。
2. 运用 AutoCAD 绘制喷泉广场平面图。
3. 运用 AutoCAD 绘制私家庭院平面图。
4. 运用 AutoCAD 绘制交通广场平面图。
5. 运用 AutoCAD 绘制商业广场平面图。
6. 运用 AutoCAD 绘制屋顶花园平面图。
7. 熟记各种填充材料图例。

# 附录

# AutoCAD 快捷键一览表

| 序号 | 图标 | 命令 | 快捷键 | 备注 |
|---|---|---|---|---|
| 1 | | LINE | L | 绘制直线 |
| 2 | | PLINE | PL | 绘制多段线 |
| 3 | | MLINE | ML | 绘制多线 |
| 4 | | SPLINE | SPL | 绘制样条曲线 |
| 5 | | XLINE | XL | 绘制构造线 |
| 6 | | RECTANG | REC | 绘制矩形 |
| 7 | | POLYGON | POL | 绘制多边形 |
| 8 | | CIRCLE | C | 绘制圆 |
| 9 | | ELLIPSE | EL | 绘制椭圆 |
| 10 | | ARC | A | 绘制圆弧 |
| 11 | | DONUT | DO | 绘制圆环 |
| 12 | | WBLOCK | W | 创建图块 |
| 13 | | INSERT | I | 插入图块 |
| 14 | | BLOCK | B | 块编辑器 |
| 15 | | TABLE | TB | 插入表格 |
| 16 | | POINT | PO | 绘制点 |
| 17 | | DIVIDE | DIV | 定数等分 |
| 18 | | MEASURE | ME | 定距等分 |
| 19 | | HATCH | H | 图案填充 |

| 序号 | 图标 | 命令 | 快捷键 | 备注 |
|---|---|---|---|---|
| 20 | | REGION | REG | 面域 |
| 21 | | MTEXT | T/MT | 多行文字 |
| 22 | | TEXT | | 单行文字 |
| 23 | | QDIM | | 快速标注 |
| 24 | | DIMLINEAR | DLI | 线性标注 |
| 25 | | DIMALIGNED | DAL | 对齐标注 |
| 26 | | DIMARC | DAR | 标注弧长 |
| 27 | | DIMRADIUS | DRA | 标注半径 |
| 28 | | DIMDIAMETER | DDI | 标注直径 |
| 29 | | DIMANGULAR | DAN | 标注角度 |
| 30 | | DIMBASELINE | DBA | 基线标注 |
| 31 | | DIMCONTINUE | DCO | 连续标注 |
| 32 | | TOLERANCE | TOL | 公差（形位公差） |
| 33 | | QLEADER | LE | 引线标注 |
| 34 | | ERASE | E | 删除图形 |
| 35 | | COPY | CO | 复制图形 |
| 36 | | MIRROR | MI | 镜像图形 |
| 37 | | OFFSET | O | 偏移图形 |
| 38 | | ARRAY | AR | 矩形阵列 |
| | | | | 环形阵列 |
| | | | | 路径阵列 |
| 39 | | MOVE | M | 移动图形 |
| 40 | | ROTATE | RO | 旋转图形 |

| 序号 | 图标 | 命令 | 快捷键 | 备注 |
|---|---|---|---|---|
| 41 | | SCALE | SC | 根据比例缩放图形 |
| 42 | | STRETCH | S | 拉伸图形 |
| 43 | | LENGTHEN | LEN | 拉长线段 |
| 44 | | TRIM | TR | 修剪图形 |
| 45 | | EXTEND | EX | 延伸实体 |
| 46 | | BREAK | BR | 打断线段 |
| 47 | | CHAMFER | CHA | 对图形进行倒直角处理 |
| 48 | | FILLET | F | 对图形进行圆角处理 |
| 49 | | EXPLODE | X | 分解、炸开图形 |
| 50 | | JOIN | J | 合并图形 |
| 51 | | LIMITS | | 设置图形界限 |
| 52 | | | F1 | 获得更多帮助 |
| 53 | | | F2 | 显示文本窗口 |
| 54 | | | F3 | 对象捕捉 |
| 55 | | | F4 | 三维对象捕捉 |
| 56 | | | F6 | 允许/禁止动态UCS |
| 57 | | | F7 | 显示栅格 |
| 58 | | | F8 | 正交 |
| 59 | | | F9 | 捕捉模式 |
| 60 | | | F10 | 极轴追踪 |
| 61 | | | F11 | 对象捕捉追踪 |
| 62 | | | F12 | 动态输入 |
| 63 | | | Ctrl + Shift + P | 快捷特性 |

| 序号 | 图标 | 命令 | 快捷键 | 备注 |
|------|------|------|--------|------|
| 64 | | | Ctrl + W | 选择循环 |
| 65 | | DIMSTYLE | D | 标注样式管理器 |
| 66 | | DDEDIT | ED | 编辑文字 |
| 67 | | HATCHEDIT | HE | 编辑图案填充 |
| 68 | | LAYER | LA | 图层特性管理 |
| 69 | | MATCHPROP | MA | 特性匹配 |
| 70 | | NEW | Ctrl + N | 新建文档 |
| 71 | | OPEN | Ctrl + O | 打开文档 |
| 72 | | SAVE | Ctrl + S | 保存文档 |
| | | SAVEAS | | 文档另存为 |
| 73 | | PASTECLIP | Ctrl + V | 将剪贴板中的对象粘贴到当前图形中 |
| 74 | | COPYCLIP | Ctrl + C | 将选定对象复制到剪贴板 |
| 75 | | U | Ctrl + Z | 放弃命令 |
| 76 | | PLOT | Ctrl + P | 打印 |
| 77 | | SHEETSET | Ctrl + 4 | 图纸集管理器 |
| 78 | | PROPERTIES | Ctrl + 1 | 特性 |
| 79 | | DIST | DI | 测量距离 |
| 80 | | QDICKCALC | Ctrl + 8 | 快速计算器 |
| 81 | | TOOLPALETTES | Ctrl + 3 | 工具选项板窗口 |
| 82 | | ADCENTER | Ctrl + 2 | 设计中心 |

# 二维码

# 目录

# 参考文献

［1］中华人民共和国住房和城乡建设部. GB/T 50001—2017房屋建筑制图统一标准. 北京：中国建筑工业
　　出版社. 2018.

［2］中华人民共和国住房和城乡建设部. GB/T 50104—2010建筑制图标准. 北京：中国建筑工业出版社，
　　2011.

［3］李鑫. 建筑制图标准学用指南. 北京：中国标准出版社. 2017.

［4］齐岷，杨磊. AutoCAD建筑制图实例教程. 北京：北京交通大学出版社. 2019.

［5］王建华. AutoCAD2017官方标准教程. 北京：电子工业出版社. 2017.

［6］赵灼辉，吴京霞. AutoCAD基础与应用. 北京：北京师范大学出版社. 2018.

［7］姜春峰，魏春雪. AutoCAD2020中文版基础教程. 北京：中国青年出版社. 2019.

［8］毛璞. 中文版AutoCAD辅助设计案例教程. 北京：中国青年出版社. 2018.

［9］舒平，连海涛. 建筑设计基础. 北京：清华大学出版社. 2021.

［10］土木在线. 家具·顶棚·地面·纹样·柱体细部装饰CAD图集. 北京：机械工业出版社. 2013.

［11］理想·宅. 全屋定制家具设计CAD细部节点图集. 北京：北京希望电子出版社. 2020.

［12］郭志强. 装饰工程节点构造设计图集. 南京：江苏科学技术出版社. 2018.

［13］樊思亮. 室内细部CAD施工图集（2）. 北京：中国林业出版社. 2014.

［14］钟友待，钟仁泽. 建筑与装饰材料. 南昌：江西科学技术出版社. 2018.

［15］文颖. AutoCAD实训教程. 北京：机械工业出版社. 2019.